インプレスR&D［NextPublishing］

New Thinking and New Ways

E-Book / Print Book

2輪駆動・オムニホイール・メカナムホイールの仕組みと制御

Arduinoを使った特殊車輪走行メカニズム

榊 正憲 著

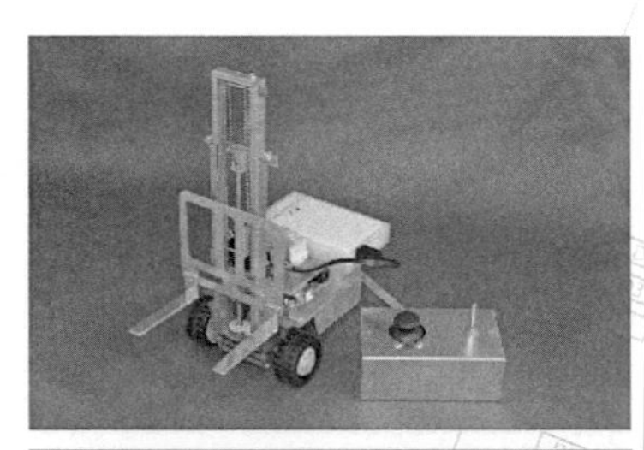

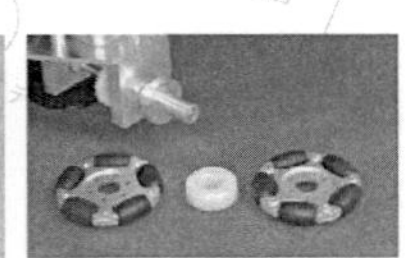

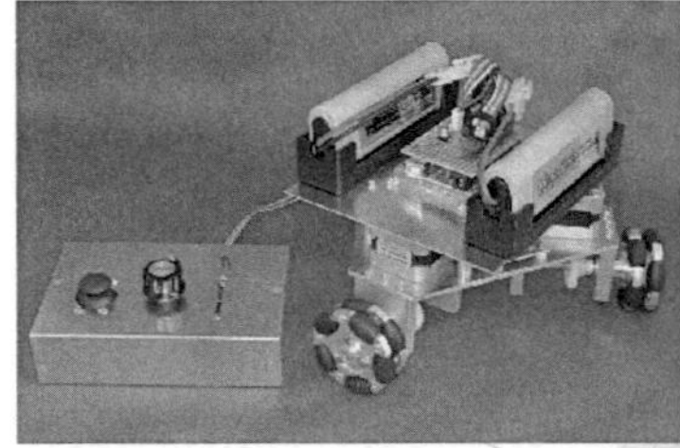

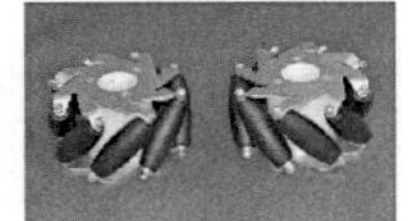

特殊車輪走行メカニズムの走行制御を、原理から実践まですべて解説。

はじめに

車輪を使って自由に移動する仕組みというと、まず自動車、そして自転車やバイクが思い浮かびます。これらは車体を支える車輪がいくつかあります。そして走行のための駆動力を生み出す車輪、走行する方向を制御する車輪により（前輪駆動車のように、両方を兼ねることもできます）、自由に走り回ることができます。

自動車や二輪車は、走行方向を変えるために、向きを変えることができる操舵輪と、向きを変えられない非操舵輪を持ちます。一般的な自動車では、前輪が操舵輪で後輪は向きが変わりません。中には前後が逆になっているフォークリフトのような車両もあります。

このような構造は、普通に走り回る分には扱いやすいのですが、狭いところを動き回るには不向きです。旋回走行の半径がある程度の大きさになるため、狭いところで急な角度で曲がるような走行は苦手です。狭いところの走行では、移動せずにその場で向きを変えたり、向きを変えないまま真横に移動できたりすれば便利です。

本書では、普通の自動車などとは異なる、特殊な車輪走行メカニズムを紹介します。

■特殊な走行方式

狭いところでの方向転換や特殊な移動をサポートするために、自動車などとは異なる構造の車輪式走行車両がいくつかあります。本書では、以下の3種類の走行方式について解説し、実際に動作するモデルを作ってみます。

2輪駆動

2輪駆動は、左右の2輪を個別に駆動することで、直進や旋回走行に加えて、その場で向きを変える超信地旋回（車両の中心を軸として、左右の車輪などを互いに逆方向に等速回転させることで、その場で方向を変える旋回方法）が可能になります。比較的簡単な制御で自由度の高い走行が実現できるので、さまざまな用途に使われています。

オムニホイール

オムニホイールは、車輪が接地する部分に、横方向に自由に転がれるローラーが取り付けられた特殊な車輪です。3輪以上のオムニホイールを取り付けた車両は、個々のホイールを個別に駆動することで、任意の方向への直進や緩旋回走行、超信地旋回ができます。2輪駆動以上の自由度の高さで、自動搬送台車やロボットなどに使われます。

メカナムホイール

メカナムホイールはオムニホイールと同様に接地部分がローラーになっていますが、取付角度が45度という特徴があります。これによりオムニホイールとは異なる走行特性が得られます。オムニホイールと同様に任意の方向への直進と旋回ができ、さらに段差の乗り越えなどの点でオムニホイールよりも走破性が高いという特徴があります。これも搬送台車やロボット、作業機などに使われます。

本書では、これら3種類の車輪走行メカニズムの仕組みを解説します。特にオムニホイールとメカナムホイールは、一般的な車輪とはまったく異なる動作が可能な興味深い機構なので、知識として知るだけでもおもしろいものです。

これらの仕組みをきちんと理解するには、ある程度の数学の知識が必要です。特にオムニホイールとメカナムホイールは、その挙動を理解するためにベクトルの知識が不可欠です。これらは方向と速度をきちんと考えることで、その動作が正しく理解できます。また実際にモーターで駆動して走行する車両を作る場合は、ホイールを駆動するモーターを適切に制御しなければなりませんが、その過程ではベクトルの演算に伴って、三角関数の処理も必要になります。もちろん、ベクトルや三角関数の理解の基礎となる座標系などの知識も不可欠です。

数学的な解説を省略して、おおよその動きだけでも理解できないかと思う人もいるかもしれませんが、その場合、いくつかの単純な動き、具体的には前後左右への直進、超信地旋回くらいしか説明できません。これらの動きは、例えば動画を見ればなんとなくわかります。しかしメカナムホイールの斜め走行や、超信地旋回ではない緩旋回（通常の自動車のように、緩やかにカーブを描く旋回方法）などは、感覚で理解するのはむずかしいでしょう。

■モデルの製作

これら3種類の方式について、実際に走行するモデルを作ってみます。

本書では走行の仕組みの解説が主眼なので、車両の制御は有線接続の簡単な手元コントローラーで行い、例えばセンサーを使った自動制御や自律走行などには触れません。リモート制御という点では、WiFiやBluetoothといった無線接続のほうが便利ですし、スマートフォンやゲームパッドをコントローラーとして使えればおもしろいのですが、本書ではそこまでは立ち入っていません。

また本書の解説は、詳細な製作記事とはしていません。つまり本書の指示通りに作れば、同じものができあがるという形の説明ではないということです。基本的な仕組みの理解が主眼で、製作例はあくまで参考と考えてください。

2輪駆動モデルはタミヤの工作セットをベースにしているので、詳細は示していませんが、同等のものを作り上げるのはむずかしくないと思います。しかしオムニホイールとメカナムホイールのモデルは、誰でも同等のものを簡単に作れるとはいえないでしょう。本書の製作例は、ホイールやモーターは市販品ですが、車両の主要構造部分はアルミ系の材料で、加工には旋盤、CNCフライス盤を使っています。またバッテリーホルダーなどは3Dプリンタで製作しています。実際に自作するのであれば、自分が使える工具や材料に応じていろいろ工夫する必要があるでしょう。ホイールのハブは市販品があるので、ギヤボックスを介さず、ちょっと強力なモーターで直接駆動するといった構造にすれば、比較的簡単な工作で完成させられるかもしれません。

仕組みの説明が主眼なので、制御のためのプログラムについてはすべてのコードを公開し、要所要所を引用しながら解説しています。

3種類とも、制御プログラムはArduino（アルドゥイーノ）マイコンで動作しています。Arduinoは扱いが簡単な組み込み用マイコンなので、目的に到達するための労力を軽減することができます。もっとも誰でもすぐに使えるというほど簡単でもないので、まったく未経験であれば入門書を読む程度の学習は必要です。本書では、拙書『マイコンボードで学ぶ楽しい電子工作 Arduinoで始めるハードウェア制御入門』を読んで理解した程度のレベルを想定しています。

3種類のモデルのソースは、http://www.sakaki.gr.jp/からダウンロードすることができます（注：なお、利用期間は保証できないことをあらかじめご了承ください）。また製作したオムニホイール車両、メカナムホイール車両の走行の様子を撮影した動画を、https://www.youtube.com/watch?v=mBvXVsJCULIにアップロードしてあります。

自作は無理というのであれば、種類は多くありませんが、評価／教育用のモデルが市販されています。通販サイトで検索すると、きちんとしたものが10万円前後からあるようです。高価だと思うかもしれませんが、実際に必要になる材料費、さらに工作機械などが使えるとしても相応の製作時間が必要なので、製作そのものを楽しみとするのでない限り、この価格は決して高いものではありません。

■製作例で使用した部品

本書の製作例は、市販されている部品と自作した部品を組み合わせて使っています。本書で使用した主要な市販部品の仕様あるいは入手先は以下の通りです（細かい電子／機械部品は省略しています）。以下の情報は2019年7月時点のものです。

2輪駆動フォークリフト

＜車両本体＞タミヤ　フォークリフト工作セット

https://www.tamiya.com/japan/products/70115/index.html

＜マイコン＞Arduino UNO Rev3（あるいは互換品）

https://www.arduino.cc/

＜バッテリー＞cheero Canvas 3200mAh IoT機器対応

https://cheero.net/canvas-iot/

オムニホイール車両

＜オムニホイール＞Nexus Robot 60mmダブルアルミオムニホイール 品番 14145

https://www.vstone.co.jp/products/nexusrobot/download/nexus_14145.pdf

＜モーター＞MERCURY MOTOR バイポーラステッピングモーター SM-42BYG011

http://akizukidenshi.com/catalog/g/gP-05372/

＜ドライバ＞秋月電子　L6470使用 ステッピングモータードライブキット

http://akizukidenshi.com/catalog/g/gK-07024/

＜マイコン＞Arduino UNO Rev3（あるいは互換品）

＜バッテリー＞ラジコン用NiCd／Ni-MH 7.2Vバッテリー

メカナムホイール車両

＜メカナムホイール＞Nexus Robot LEGO 互換 60mmアルミメカナムホイール 4コセット 品番 14144

https://www.vstone.co.jp/products/nexusrobot/download/nexus_14144.pdf

＜モーター＞MERCURY MOTOR バイポーラステッピングモーター ST-42BYH1004

http://akizukidenshi.com/catalog/g/gP-07600/

＜ドライバ＞秋月電子　L6470使用 ステッピングモータードライブキット

＜マイコン＞Arduino UNO Rev3（あるいは互換品）

＜バッテリー＞ラジコン用NiCd／Ni-MH 7.2Vバッテリー

■関連知識の解説

付録として、直流モーターの制御、ステッピングモーターの仕組み、ステッピングモータードライバIC L6470の使い方、ArduinoによるL6470の制御についてまとめてあります。

フォークリフトのモデルで使われている直流モーターについては、付録1で模型用モーターのPWM制御、ドライバICの使用法を説明しています。

オムニホイールとメカナムホイールのモデルは、回転を正確に制御するためにステッピングモーターを使っています。そのため付録2で、ステッピングモーターの原理と駆動方法を解説しています。

製作例では、処理能力がさほど高くないArduinoでステッピングモーターを制御するために、L6470という高機能なステッピングモータードライバを使っています。付録3と4では、本書での使い方を中心に、このドライバICの機能や使用方法を解説しています。

■注意

本書の車両製作例では、PCにArduinoを接続してソフトウェア制作や実験を行います。モーター制御を行う場合は、PCとは別に電源を用意してモーターを駆動します。回路に問題があると、この強力なモーター電源からの電流がPCに流れ、機器の異常動作や故障を引き起こすことがあります。実際にPCに接続する前に、十分に確認するようにしてください。USBハブを介してArduinoを接続すれば、問題が起きても多少は被害を軽減できるかもしれません。

なお本書は、紹介した解説内容、ハードウェアおよびソフトウェアについて、一切の保証をせず、また何らかの損害が発生したとしても、責任を負うものではありません。

目次

第1章　2輪駆動方式の仕組みと制御

タイヤによる効率的な走行と、自動車のような操舵方式よりも小回りが効くという特徴を備えた走行方式として、左右の2輪を別々に駆動するという仕組みがあります。本書ではこれを「2輪駆動方式」と呼ぶことにします。

この方式を利用している代表的な例として、電動車椅子があります（これはハンドル操作で運転する3輪／4輪タイプではなく、手回し／手押しタイプの車椅子を電動化したものです）。また自動掃除ロボットや巡回ロボットなど、比較的単純な動きのロボットにも広く使われています。

2輪駆動制御は、単純な構造と制御方法で、自由度の高い走行が実現できます。本章では2輪駆動による走行メカニズムを紹介し、その制御を解説します。次章では工作セットを使って実際にモデルを組み立てます。

1-1　2輪駆動制御の走行

一般的な非動力タイプの車椅子（図1-01）は、手で回す大きな車輪が左右にあります。これを両方同じ向きに回せば直進し、片側の速度を落としたり止めたりすれば、そちらを内側として旋回します。また2輪だけでは安定しないので、前側か後側に自在キャスターを備えています。車椅子の走行の特徴は、左右の車輪を個別に回転させ、同じ速度で回転させたり速度を変えて直進や旋回が行えたりするという点です。

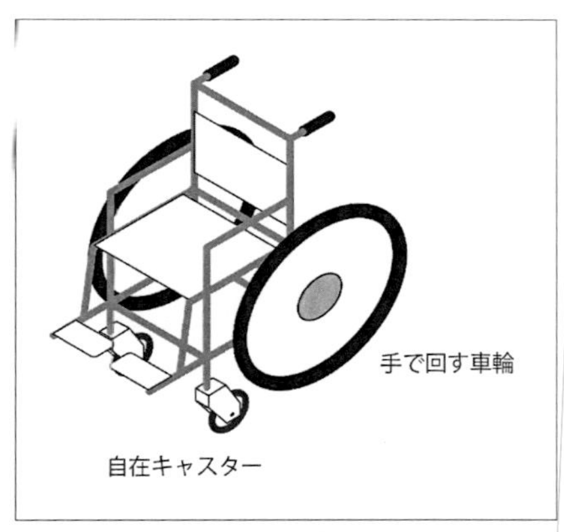

図1-01　2輪を回転させる車椅子

電動車椅子はこの2輪の駆動をモーターで個別に行うことで、レバー操作で自由に走行できます。

この制御方式をロボットなどで利用する場合は、人間が操作するレバーではなく、ロボットを制御するプログラムの指示で走行します。

1-1-1　走行

2輪駆動は、車両の両側に取り付けられた車輪を個別に駆動して走行します。走行のパターンは次のようになります。

停止

左右の車輪を停止させれば車両は停止します。タイヤの摩擦や制動力の限界以内であれば、外部から力を加えても車両は動かず、向きも変わりません。

直進

左右の車輪を同じ方向に同じ速度で回転させれば、車両は前後に直進走行します（図1-02）。

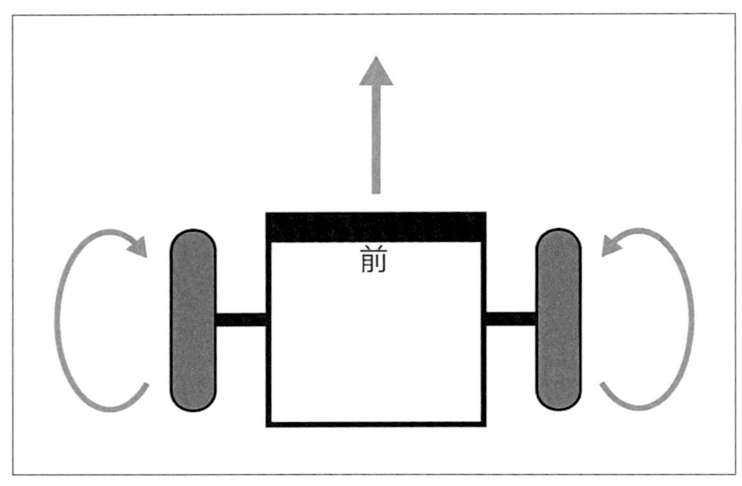

図1-02　直進走行

緩旋回

左右の車輪を同じ方向に異なる速度で回転させると、車両は低速側車輪を内側としてある半径で旋回走行します（図1-03）。車両の旋回走行では、それぞれの車輪が円の軌跡上を転がります。各車輪の軌跡円の中心は同じ位置になり、この点が旋回中心となります。また旋回中心は、それぞれの車輪の車軸の延長上に位置します。左右の車輪が通る軌跡円の半径の比率は、それぞれの円周の長さの比と同じで、これは車輪の回転速度の比と同じになります。したがって2個の車輪の速度制御により旋回半径を変えることができ、そして速度差が大きいほど、旋回半径は小さくなります。

信地旋回と超信地旋回

左右の車輪の速度差を大きくし、片側を完全に停めてしまうと、止まっている車輪の接地点

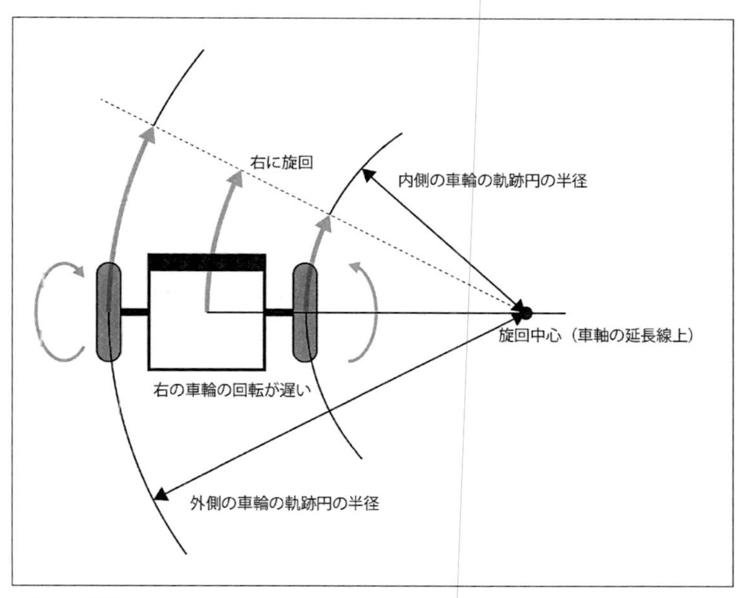

図1-03　緩旋回

が旋回中心となります。このような旋回を「信地旋回」といいます。

停止側を逆回転させると、左右の速度差はさらに大きくなり、旋回中心は左右の車輪の間になります。左右の車輪を同じ速度で逆方向に回転させると、2輪の中間点が旋回中心になります。この場合、車両は位置を変えず、その場で向きを変えます。このような旋回を「超信地旋回」といいます。これらを図1-04に示します。

信地旋回と超信地旋回は一般にキャタピラ車両の走行についての用語ですが、2輪駆動も同じ挙動になるので、本書では車輪走行車両についてもこの用語を使っています。

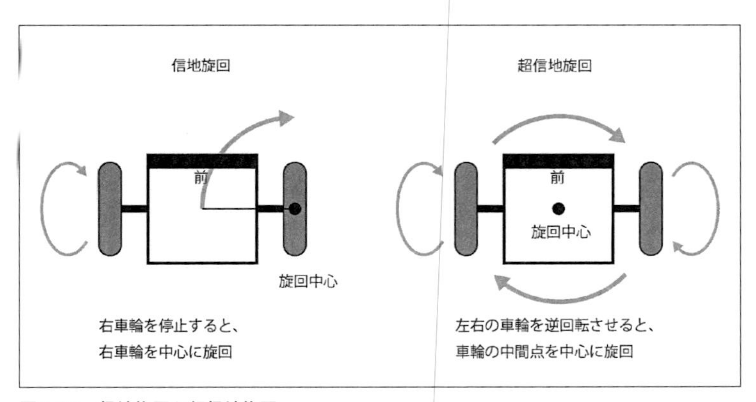

図1-04　信地旋回と超信地旋回

1-1-2　支持用の車輪

車体の両側に2個の車輪があるだけでは、車両は自立しません。前か後ろに倒れてしまいます（中にはセグウェイのように2輪だけでバランスを取れるものもありますが）。そのため、駆動する2輪とは別に、車体を支える車輪が必要です。

2輪の駆動制御により、車両は直進や緩旋回（信地旋回より半径の大きな旋回）、超信地旋回など、さまざまなパターンで動きます。そのため支持用車輪は、自動車のように能動的に方向を制御するという機能は求められませんが、車両の動きに合わせて、車輪の向きを変えられなければなりません。このように外部の動きに合わせて方向が変わる車輪として、手押し台車や移動式の家具や機器に使われる自在キャスター（首振りキャスター）があります（図1-05）。

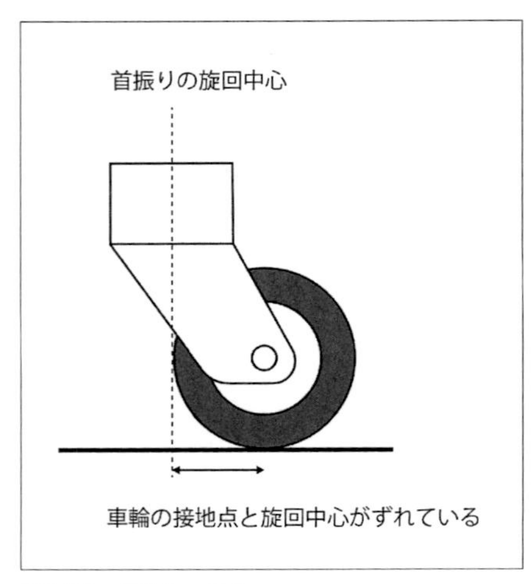

図1-05　自在キャスター

自在キャスターは、垂直軸で旋回できる支持部品に車輪が1個ないし2個組み込まれたものです。この旋回軸と車輪の接地点は位置がずれており、これによりキャスターを取り付けた車両や機器が動くと、車輪がその方向に追従していきます。つまり車両や機器を自由な方向に動かすことができます（図1-06）。

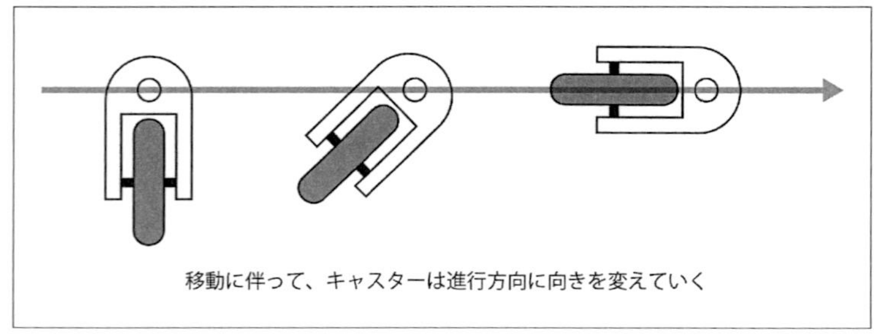

図1-06　自在キャスターの追従動作

2輪駆動車両では、車体を支えるための車輪にこのような自在キャスターを使います。

また第3章で説明するオムニホイールも自在キャスターとして使うことができます。

1-1-3　いろいろな車輪配置

図1-07は、さまざまな2輪駆動の車輪の配置例を示しています。

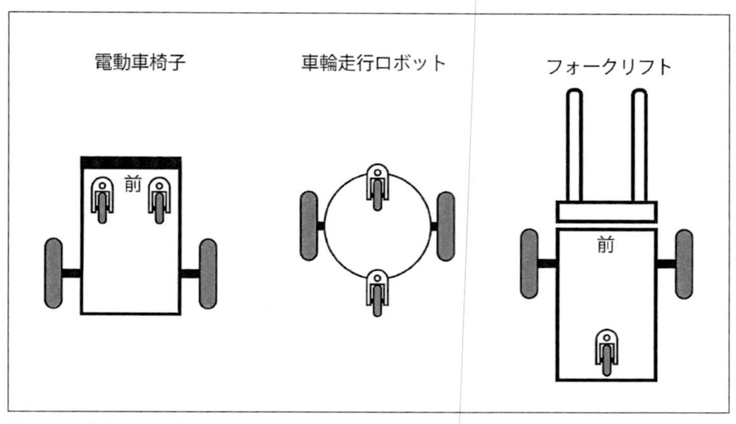

図1-07　車輪の配置例

車両の駆動輪、自在キャスターの車輪は、旋回走行時に旋回中心を中心とする円周上を移動します。つまり2輪駆動制御は、旋回中心は駆動輪の車軸の延長線上にあります。超信地旋回と信地旋回では中心は2輪の間、緩旋回では車輪より外側となります（図1-08）。

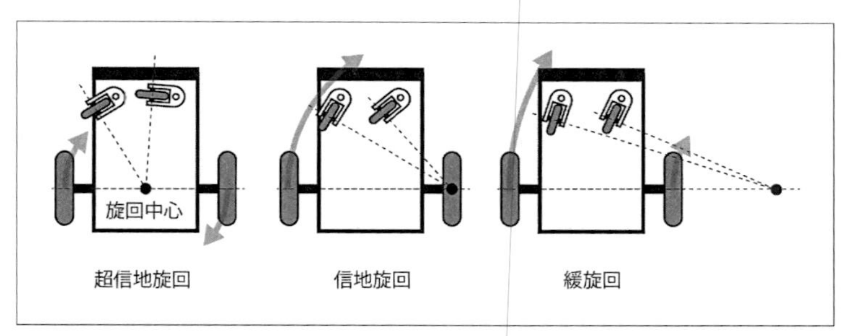

図1-08　旋回時の車輪の軌跡

車両に取り付けられた駆動輪の配置は図1-07のようにさまざまであり、その位置により車両全体の走行軌跡は多少変わってきます。例えば超信地旋回は車軸位置が移動しない旋回ですが、車輪が車体の前か後ろに偏った位置にあれば、車両全体の位置が変わらないというよりは、車両の駆動輪のある位置が移動しない旋回となります。

図1-07の車輪走行ロボットのように、車体のちょうど中間に駆動輪があれば、旋回中心と車両の中心が一致するので、車体の位置を変えない超信地旋回が実現できます。一方フォークリフトのように車両の前端に駆動輪が配置されている場合は、車両の後ろの部分を大きく振りながら旋回します。

1-1-4　車輪の接地性

車輪の数が3個なら、路面に凹凸があってもすべての車輪が接地します。しかし4輪以上あると、すべての車輪が接地しない場合があります（図1-09）。もし駆動する車輪が宙に浮いてしまうと駆動力が路面に伝えられず、うまく走行できません。駆動輪と支持用のキャスターの配置やそれぞれの車輪にかかる重量によって、このような問題が出やすいものや出にくいものがありますが、どのような構造、用途であっても、駆動輪の空転は避けなければなりません。

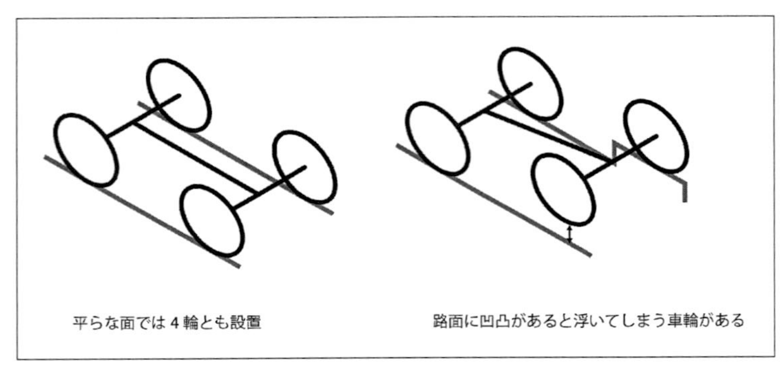

図1-09　路面の凹凸と車輪の接地

車輪の数や路面の凹凸に関わらず、常にすべての車輪を適切に接地させるには、車輪にサスペンション（懸架装置）を組み込みます。サスペンションで個々の車輪が上下することで路面の凹凸にうまく追従し、駆動輪の空転や車両のガタツキなどを防げます。

サスペンションの実現には、スプリングを使って車輪に圧力をかける方法、リンク機構を使って複数の車輪をバランスよく接地させる方法があります。

スプリング懸架

自動車や鉄道など多くの走行車両は、車輪や車軸をスプリングを介して車体に取り付け、車輪が上下に弾性的に動く構造になっています。車輪に車体重量がかかるとスプリングが縮みます。スプリングは縮むほど反発力が大きくなるので、あるところで重量とバランスします。

複数の車輪をスプリングで支えると、一部の車輪が路面の凹凸で上下したときでも、路面の凸部に乗った車輪のスプリングが大きく縮み、残りのスプリングはあまり縮まないという形で、すべての車輪の接地が維持されます（図1-10）。

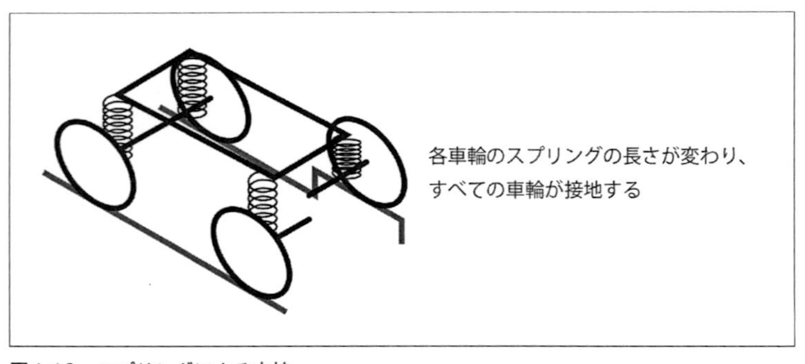

図1-10　スプリングによる支持

スプリング懸架は、接地性を高めるだけでなく、路面の細かな凹凸による振動も吸収できるので、乗り物としてみた際に乗り心地の向上も期待できます。ただしスプリングによる懸架は、車体がゆっくり振動するという現象も起こります。一度揺れると、その揺れがいつまでも収まらないのです。本物の自動車などでは、この現象を抑えるためにショックアブソーバーという振動減衰部品を併用します。

この方法は、大きく縮んだ車輪の荷重が増え、縮み量が小さい側は荷重が小さくなるという特徴があります。これにより伸縮差が大きいときに、駆動力のバランスが悪化することがあります。この問題を軽減するにはバネを柔らかくし、車輪の上下移動量を大きくすればいいのですが、このような構成は揺れが大きくなりやすいという欠点もあります。

リンク懸架

接地点が3ヶ所であれば、路面に凹凸があってもすべての車輪が接地します。そこで複数の車輪が連係して上下するリンク機構を使って、実質的に3点支持（あるいは実際の車輪の数より少ない接地点数）にするという方法があります。

図1-11のような4輪構成で、前後どちらかの2輪の車軸が車体に対して傾くことができる構造にすれば、固定された2輪と傾きの軸の部分で実質的に3点支持になり、凹凸があってもすべての車輪が接地します。本書ではメカナムホイール車両にこの機構を組み込んでいます。

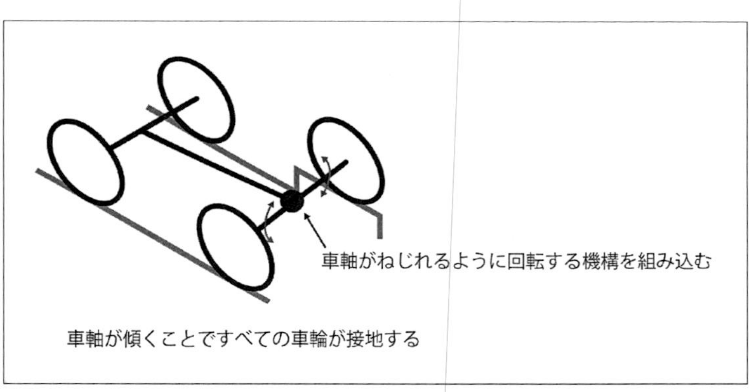

図1-11　リンク機構による支持

このような懸架構造を実現する機構のことをイコライザーと呼ぶこともあります。旧式の電気機関車や蒸気機関車は、多くの車軸をイコライザー機構で連係させ、複数の車輪が凹凸のある線路上で適切に接地するように作られていました。また多軸のトラックの後輪軸は、これに似た構造で連携しています。

この構造の特徴は、リンクによって連携して上下動する2輪の間で、静荷重変動が出ないという点です（てこの原理により、リンクの長さを変えて意図的に荷重に差をつけることもできます）。そのため荷重が抜けて駆動力が不足するといった問題は起こりにくくなります。ただし車体荷重はリンクの支点部にかかるため、例えば転倒に対する踏ん張りといった面では不利になります。またこの方式ではスプリングを使用しないので、振動の吸収効果はありません。実際には、このような機構とスプリングを組み合わせたサスペンションも使われます。

1-2　制御方法

2輪駆動による走行は動きが直感的ですが、ここではそれをどのような形で制御するかを考えてみましょう。

2輪駆動は、それぞれの車輪を駆動する2個のモーターの回転方向と速度を制御します。もっとも単純な方法は、2組の操作要素（スイッチやボリュームなど）で、2個のモーターを個別に制御するというものです。より高度なやり方として、前後左右に動かせるジョイスティックを1組だけ使って、直進や旋回を1レバーで行うという方法があります。

1-2-1　2レバー方式

2レバー方式は非常に直感的です。2組のレバーで、左右の車輪の前後進の速度を個別に制御します（図1-12）。レバーは前後方向に動き、中立位置でモーター停止、前側に倒すと前進、後ろ側に倒せば後進です。

レバーを倒す角度が大きくなるほど高速回転しますが、おもちゃや模型で略式に作るのであれば、速度制御なしで、前進、停止、後進の3ポジションスイッチとすることもできます。

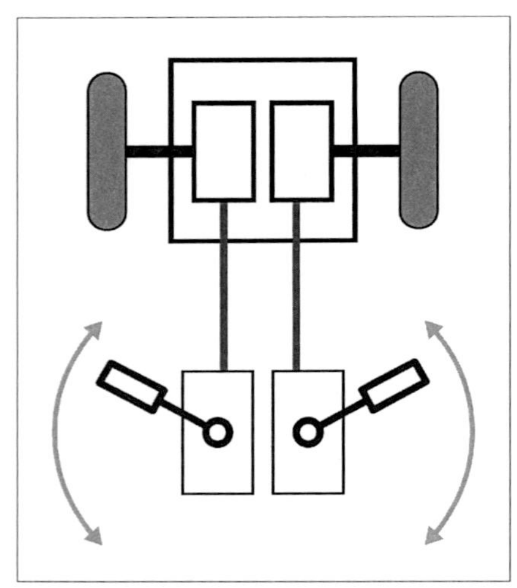

図1-12　2レバー方式

速度制御できる2レバー方式なら、左右の車輪の速度を任意に変えられるので、直進や緩旋回、超信地旋回の動きを自由に実現できます。

このやり方は、可変速レバー（あるいはスイッチ）とモーターというセットを2組用意するだけなので、実装も簡単です。

1-2-2　1レバー方式

1つのレバーで前後進、旋回を行う方法もあります。

1レバー方式は、ジョイスティックという部品を使います。これはゲームコントローラやラジコン送信機に付いている前後左右に動くレバー式の入力装置です。ジョイスティックは前後左右に自由に傾くレバーの動きを、前後方向、左右方向に分解し、レバーのそれぞれの傾きを回転軸で伝え、可変抵抗器（ボリューム、VR）を回します（図1-13、図1-14）。これを抵抗値の変化として電子回路に取り込みます。例えばマイコンで読み込むという形で利用できます。

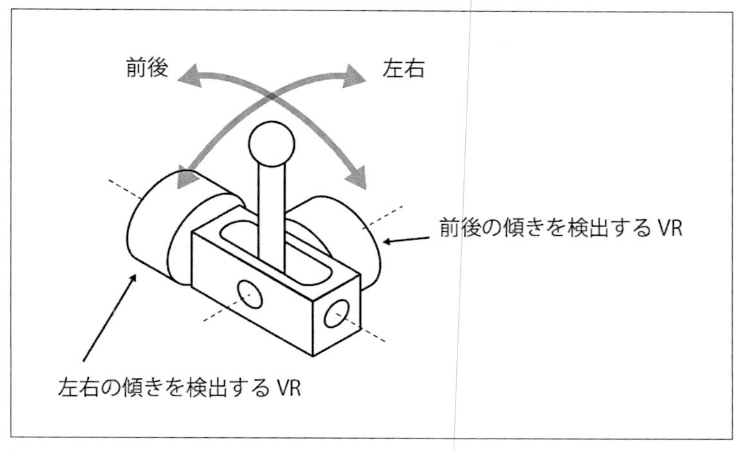

図1-13　ジョイスティックの構造

図1-14　ゲーム用ジョイスティック

ジョイスティックの任意の向きへのレバー操作は、このような仕組みにより前後方向と左右方向に分解され、値が得られます。前後左右の値が得られれば、制御の考え方は割と簡単に思いつくでしょう。前後方向は車両の走行、左右方向は旋回の制御と考えるのが自然です。制御のパターンを図1-15に示します。

直進

ジョイスティックを左右には倒さず、前後にのみ倒した場合は直進走行します。前に倒せば

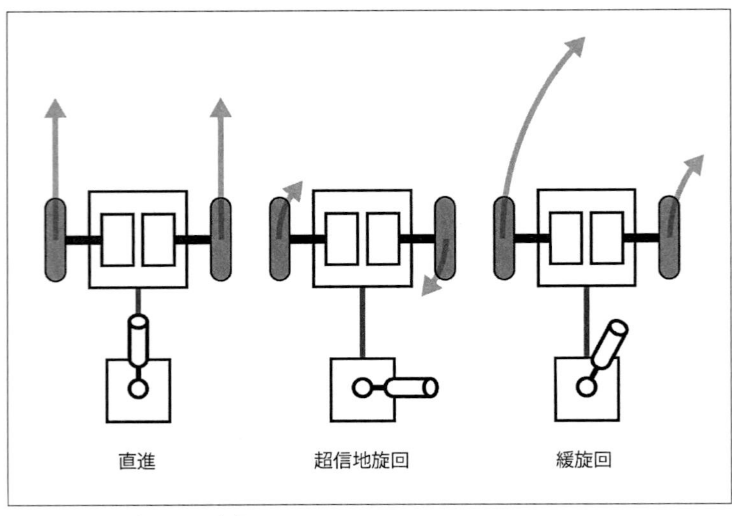

図1-15　1レバーによる走行

前進、手前に倒せば後進で、倒した角度が大きいほど速度が上がります。前後進の直進走行は、左右の車輪を同じ速度で回転させます。

超信地旋回

スティックを前後に倒さず、左右にのみ倒したときはどのように動くでしょうか。前後進の要素がなく、旋回のみを行うのですから、これは前に説明した超信地旋回となります。左右の車輪を逆方向に同じ速度で回転させることで、左右の車輪の中間点を旋回中心として車両が向きを変えます。レバーを倒す角度は、旋回の速度となります。

緩旋回

スティックを斜めに倒したときは、その傾きの前後方向により前後進の速度が決まり、さらに左右方向の傾きで車両を旋回させます。倒す角度が大きいほど、旋回半径を小さくします。

車両の旋回は左右の車輪の速度差で行うので、レバーの左右の角度が大きいほど、つまり旋回半径が小さいほど、左右の車輪に速度差を付けます。これは、旋回の外側は変えずに内側の回転を下げる、内側を変えずに外側の回転を上げる、内側を下げて外側を上げるという3通りの方法が考えられます。

外側を上げて内側を下げるというやり方は、前後進を伴わない超信地旋回の制御と整合します。しかし最高速で直進しているときは、外側をそれ以上に速度を上げることができません。外側の速度は変えず、内側の速度を下げる方法ならこの問題はありません。

例えば前進での旋回の場合、内側を下げるほど、旋回半径は小さくなります。内側の速度をどんどん下げていくとやがて内側の車輪の速度がゼロになり、信地旋回となります。このときの旋回中心は内側車輪の接地点です。さらに下げ、内側を後進にすることもできます。この場合、旋回中心は左右の車輪の中間のどこかになり、内側を外側と同じ速度で後進させれば前述の超信地旋回となります。

1レバー方式では、ジョイスティックの操作に対して車両がどのように走行するかを、細かく調整することができます。特に旋回走行を用途に即してきめ細かく制御することができます。

具体的には旋回のための左右の車輪の速度差の制御です。例えば走行しながらの旋回は、超信地旋回に至るまで必要なのかどうかを考えてみましょう。超信地旋回は前後進の要素がないので、停止状態で行えれば、普通は問題ありません。また高速走行中に急旋回すると転倒する可能性があります。それを防ぐために、前後進速度に応じて旋回半径を制限するといった制御も考えられます。つまり高速走行時は左右の速度差が小さい緩旋回のみ、急旋回したい場合は速度を落とさなければなりません。

ジョイスティックの状態をマイコンで読み込み、プログラムで適当に処理して2個のモーターを制御するというやり方では、こういった制御をすべてプログラムによって実現できるので、単純な2レバー制御よりも自然で安全な操縦が可能になります。

第2章で、実際に2輪駆動のフォークリフト模型を1レバーでマイコン制御する製作例を示します。

第2章　2輪駆動モデルの製作

本章では、実際に2輪駆動で走行するモデルを紹介します。タミヤのフォークリフトの工作セットを使って、2輪駆動車両をマイコンで制御します。マイコン制御といっても、センサーを組み合わせて自律走行するといったものではなく、人間がジョイスティックを操作してリモート制御するだけです。しかし、ユーザーインターフェイス部分と分けて考えれば、自律ロボットなどを作る際の参考にはなるでしょう。

2-1　フォークリフト

フォークリフトは、水平に取り付けられた2本の爪を荷物の下に差し込み、それを持ち上げて運ぶ作業車両です。フォークリフトは、狭い場所を走行して荷物の積み降ろしを行うために、小回りができるように作られています。

普通のタイヤ式の場合は、フォークの重量を受ける前輪が駆動輪で、後輪が操舵輪になっています（図2-01）。操舵を後輪で行うのは、フォークの位置決めなどをやりやすくするためです。旋回半径を小さくするために後輪の操舵角度は非常に大きく、内側になる後輪はほとんど横を向いているのではないかと思えるくらいまで切れます。

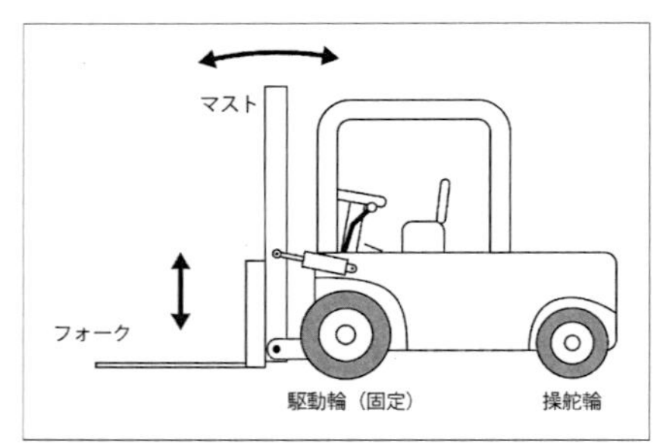

図2-01　タイヤ式のフォークリフト

このような構造ではなく、左右の車輪を個別に制御し、小回りを実現しているものもあります。主に小型タイプで採用されている方式です。このタイプは、後輪側は自由に首を振るキャスタータイプになります。

2-2　工作セットの構成

タミヤの「3チャンネルリモコン　フォークリフト工作セット」（https://www.tamiya.com/japan/products/70115/index.html）は2輪駆動タイプを模型化しています（図2-02）。

図2-03に示した4チャンネルのスイッチ式リモコンボックス（2チャンネルで左右の車輪、1

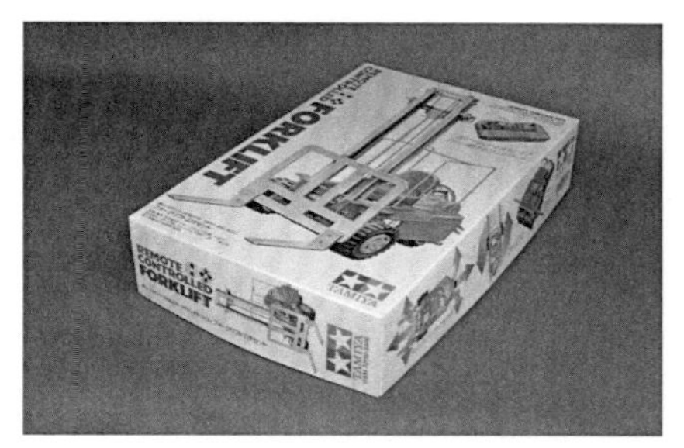

図2-02　タミヤのフォークリフト工作セット

チャンネルでフォーク上下、残り1チャンネルは未使用）で操作するようになっていますが、これをマイコン制御に置き換え、1レバーで走行できるようにします（図2-04）。

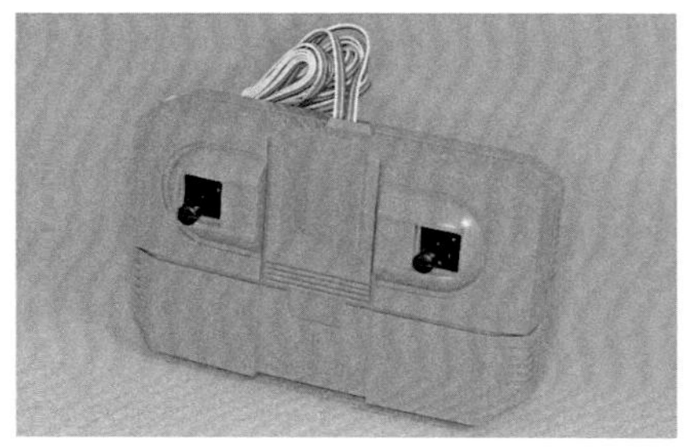

図2-03　スイッチ式リモコンボックス

図2-04　改造したフォークリフト

このフォークリフト工作セットは2輪駆動制御で、フォークの荷重がかかる車両前部に2個の駆動輪があります。そして後ろ側に自在キャスターが1つあり、全部で3輪となっています。

フォークを上下させるマストは車両最前部にあるので、マストのちょっと後ろ（駆動軸）を中心に自由に旋回できる構造となります。これは荷役作業をする際に、フォークの位置を細かく調整するのに便利な配置です。

2-2-1　駆動系

左右の車輪は一体構造に組み立てられた2組のギヤボックスと、それに組み込まれた130タイプモーターで駆動されます（図2-05）。この工作セットはリモコンタイプで、有線リモコン側に乾電池とスイッチがあり、左右の車輪はスイッチによって個別に前進、停止、後進します。したがって、セットの標準状態では、直進の前後進、信地旋回、超信地旋回が行えます（図2-06）。

図2-05　車両の足回り

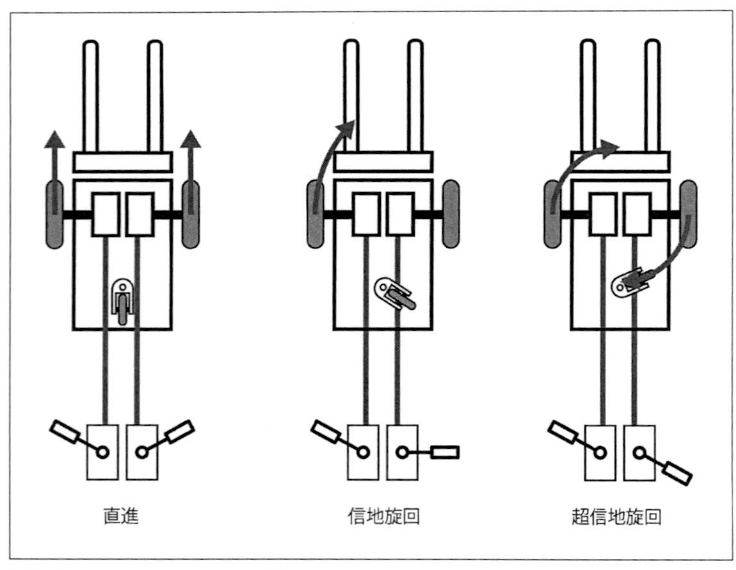

図2-06　スイッチによる走行パターン

2-2-2　後輪

後輪は自由に首を振る1輪の自在キャスターになっています。車両の走行方向の制御は個別に制御される2つの前輪で行われるので、後輪は車体の動きに追従するだけで、普通の自動車のように能動的に方向を制御する機能は持っていません。

後輪の上部には、フォークで持ち上げた荷物とのバランスを取るために、おもりが備えられています。

2-2-3　フォーク部分

標準の構成では、リモコンの残りの1チャンネルでフォーク上下を制御します。これを図2-07、図2-08に示します。製作例ではセンターオフのモーメンタリレバースイッチを使って制御します。

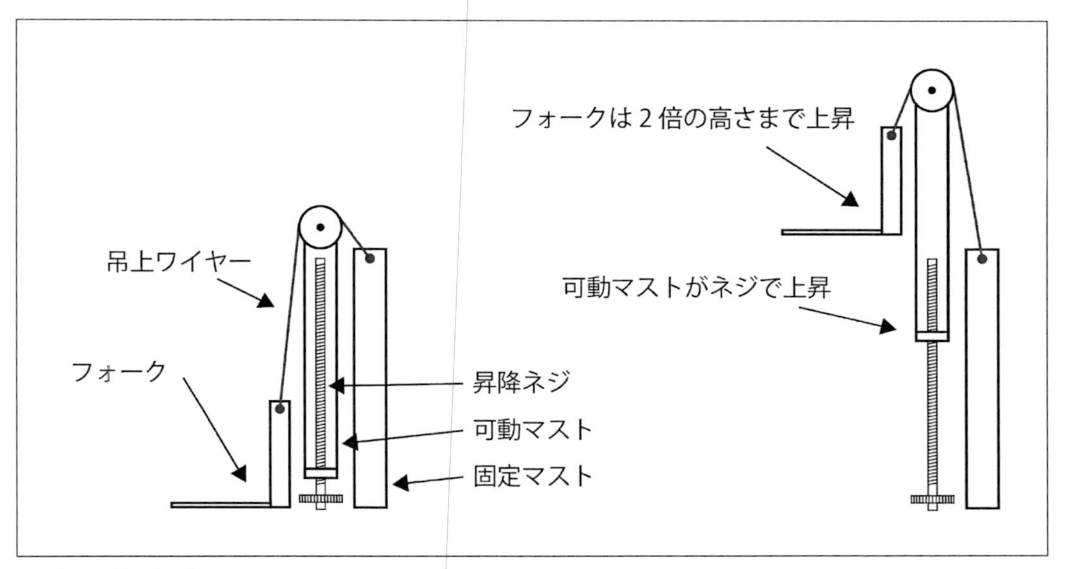

図2-07　マストの構造

図2-08　実際のマスト

上下用モーターの回転はウォームギヤで減速され、マスト中のネジを回転させて可動マストを上下させます。マストは3段構成で、車体に固定されたマスト、ネジで伸びる可動マストがあり、さらに可動マストの内側をフォークが上下します。フォーク部分はチェーンで増速され、可動マストの伸びの倍の高さまで上昇します（図2-07ではわかりやすくするために並べて描いていますが、実際には3つの要素はすべて重なった構造になっています）。これは実車とほぼ同じ構造です（実車はネジではなく、油圧シリンダーを使っています）。

本物のフォークリフトは走行中に荷物を安定させるために、マストを後ろ側に傾ける機能がありますが、このセットには後傾機能はありません。

2-3　ハードウェア構成

このセットは、標準ではリモコンのスイッチで3個のモーターを個別にOn/Off制御します。これを、1組のジョイスティックで前後進と旋回、そして1個のスイッチでフォーク上下を行うように改造します。

車両側にバッテリー、マイコン基板、各種回路を搭載し、有線で接続した手元コントローラーで操作します。

2-3-1　マイコン回路

制御用のマイコンには、簡単にソフトウェア開発を行えるArduinoを使います。Arduinoには何種類かありますが、ここでは標準モデルのUNO Rev.3（図2-09）を使用しました。Arduinoのプログラミングについては、ほかの書籍やネットの記事などを参照してください。ここでは拙書の『マイコンボードで学ぶ楽しい電子工作　Arduinoで始めるハードウェア制御入門』で紹介した知識を前提として解説を進めていきます。

図2-09　Arduino UNO

Arduino単独ではモーターの制御はできないので、モータードライバ回路などを組み込んだシールド（拡張基板）を自作し、Arduino UNOに接続します（図2-10）。これには以下の要素を組み込みます。

図2-10　シールド

モータードライバ

左右の車輪、フォーク用に3セットのモータードライバ回路を用意します。これについては後述します。

トリムVR

まっすぐに進むように、左右のモーターの速度差を調整する半固定VRです。

モードスイッチ

走行モードの切り替え、ジョイスティックの調整用のスイッチです。

LED

走行モード、ジョイスティックの調整中などの状態を示すLEDです。

コントローラー用コネクタ

手元コントローラーを接続するためのコネクタです。

シールドに用意したコネクタに接続するコントローラーには、走行制御用のジョイスティックとフォーク用のスイッチがあります（図2-11）。

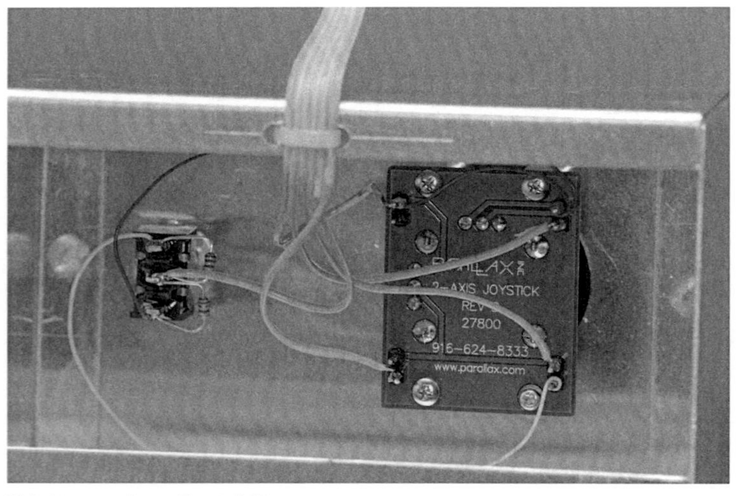

図2-11　コントローラーの内部

2-3-2　電源

Arduinoは、DCジャックかVIN端子からの7V以上の外部直流電源か、USBコネクタによる5V給電で動作します。外部給電とUSB給電は同時接続も可能です。別の方法として、5V端子に外部から5Vを供給して動作させることも可能（推奨はされていません）ですが、この場合はVINやDCジャックからの給電を行ってはいけません。これを行うと電源回路が破損する可能性があります。

モーター用の電源も5Vとします。モーターの定格電圧は3Vなので、ドライバのPWMにより実効電圧を3Vに抑えます。

この製作例では、Arduinoの5V電源とモーターの5V電源を、USB出力のモバイルバッテリーで供給します。Arduinoと制御回路の消費電流はごくわずかですが、モーター動作時には最大で1A程度は必要になるので、十分な出力電流が得られるものを使う必要があります。

短く切ったUSBケーブルの＋5Vとグラウンドの電線をシールド基板側の電源配線に接続し、さらに＋5V端子を介してArduino側にも供給します。Arduinoの＋5V端子は、通常はArduinoから外部に電源を供給するためのものですが、Arduinoへの電源供給にも使えます。

マイコン回路とモーター回路を共通の電源で動作させると、モーターのノイズによってマイコンが誤動作する可能性が高くなります。これを防ぐために、モーターの端子にノイズ防止用のコンデンサを取り付ける、ドライバICのそばにバイパスコンデンサを配置するなどの対応が必要です。このバイパスコンデンサは、モーター電源側、ロジック電源側の両方に用意します。

気を付けなければならないのは、PCにUSBで接続しているときです。USB給電と外部5V給電が同時に行われている間は、回路全体が外部5Vで動作しますが、USBをつないだまま外部5Vを切ってしまうと、USBによる給電でモーターまで駆動することになります。この状態でモーターを回転させるとUSB回路が過電流状態になってしまいます。

可能ならモーター電源とロジック系の5Vを分ければよいのですが、今回使ったバッテリーのUSB端子が1個だったため、別の方法を取りました。ArduinoのUSB端子からの5V電源がモータードライバの電源側に流れないように、ロジック系5Vとモーター系5Vの間にダイオードを入れます。極性はモーター側からロジック側に電流が流れる向きで、モバイルバッテリーはモーター電源側に接続します。このようにすることで、モバイルバッテリーからの電流はモーターとロジックの両方に流れますが、Arduinoの5Vからはモーターに電流が流れず、過電流になりません（図2-12）。

このような用途には電源電圧の降下が小さくなるように、順方向電圧降下の小さいショットキーバリアダイオードを使います。それでもロジック回路の電圧がちょっと下がってしまうため、電圧が関係するような用途では注意が必要です。

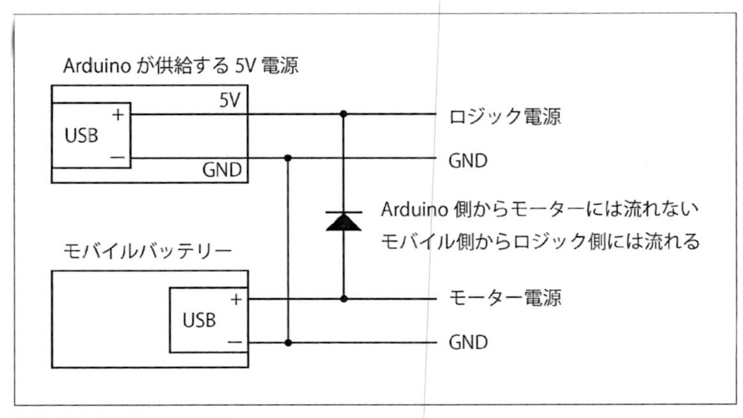

図2-12　USB電源の制限

一般的なモバイルバッテリーはスマートフォンの充電を意図したものなので、充電が終わり、電流が流れなくなると自動的に電源がOffになります。マイコン回路を接続した場合、モーターが動いていれば相当の電流が流れるのですが、モーターが止まるとマイコン回路のわずかな電流しか流れません。そのため止まっている時間が長いと、電源が切れてしまいます。これを防ぐために微小電流の連続供給が可能な、IoT対応モバイルバッテリーを使用しています。製作例ではcheero Canvas 3200mAh IoT 機器対応（https://cheero.net/canvas-iot/）を使いました。一般にIoT機器は、微小電流で動作するマイコン機器なので、このような電源が必要になるのです。ただしこの種のバッテリーは自動Off機能がないので、スイッチを明示的にOn/Offする必要があります。

2-3-3　モータードライバ回路

マイコンの端子から得られる電気信号は微弱なので、モーターを駆動する電流を制御するためには、外部に大電流を制御できる付加回路が必要になります。マイコンによるDCモーター制御については付録1で解説しているので、そちらを参照してください。

この製作例では、左右の駆動輪、フォークの上下で、3個のドライバICを使っています。製作例の構成を以下に示します。

バイポーラドライバIC

トランジスタ類を組み合わせてドライバ回路を作ることもできますが、汎用のドライバICが安価に市販されているので、それを使用します。この製作例では東芝のTA7291Pを使いました。

PWM制御

モーターの回転速度の調整も行います。このモデルで使うモーターは普通のマグネットタイプのDCモーターです。そのためマイコンで簡単に行えるPWM制御とします。

モーター

一般的なおもちゃや模型用の130タイプです。定格電圧が3Vのモーターを5V電源で駆動するので、PWMパラメータの上限を設定し、実効電圧を抑えます。ノイズによる回路の誤動作を防ぐために、モーターの端子には0.1μFないし0.47μFのセラミックコンデンサを接続します。

電源

マイコン基板とモータードライバ類を組み込んだ基板を車両に搭載するので、電源は車載可能な大きさのモバイルバッテリーを使います。USB出力をマイコン基板とモータードライバ基板に供給します。

2-3-4　マイコンのポートの割り当て

コントローラーからの情報を取得し、車両を制御するために、Arduinoマイコンの多くのポートを利用しています。この割り当てを表2-01に示します。IN1とIN2はドライバICの制御端子です。PWM出力に対応しているポートが飛び飛びのため、すっきり並んでいません。

表2-01　ポートの割り当て

デジタルポート	
D0	PCとの通信ポート
D1	PCとの通信ポート
D2	フォークモーターIN1（出力）
D3	フォークモーターPWM（出力）
D4	フォークモーターIN2（出力）
D5	右モーターPWM（出力）
D6	左モーターPWM（出力）
D7	右モーターIN1（出力）
D8	右モーターIN2（出力）
D9	モードスイッチ（入力）
D10	モードLED（出力）
D11	左モーターIN1（出力）
D12	左モーターIN2（出力）
D13	オンボードLED（出力、未使用）
アナログ入力ポート	
A0	ジョイスティック操舵
A1	ジョイスティック前後進
A2	フォーク上下スイッチ
A3	トリム
A4	未使用
A5	未使用

フォーク上下スイッチは、通常なら2つのデジタル入力ポートを使用するのですが、ポート数が切迫しているため、今回は1つのアナログ入力ポートで読み込むことにしました。これについては後で説明します。

全体の回路図を次ページの図2-13に示します。

2-4　制御プログラム

Arduino UNOはATmega328Pという8ビットプロセッサを使っているマイコン基板で、専門知識がなくても比較的簡単に使うことができる開発環境（IDE）が提供されています。プログラム（Arduinoの世界ではスケッチといいます）はPC上で動作するIDEで編集、コンパイルされ、USBによるシリアル接続でマイコンのフラッシュメモリに転送されます（製作例のプログラム全体のソースの入手については、「はじめに」を参照してください）。

このUSB接続はArduinoに電源を供給し、さらにプログラムの実行中にシリアル通信でIDEと対話することができます。これにより組み込み機器であっても、プログラムのデバッグが容易に行えます。プログラム中の`Serial.print`という文は、デバッグ用のメッセージを表示す

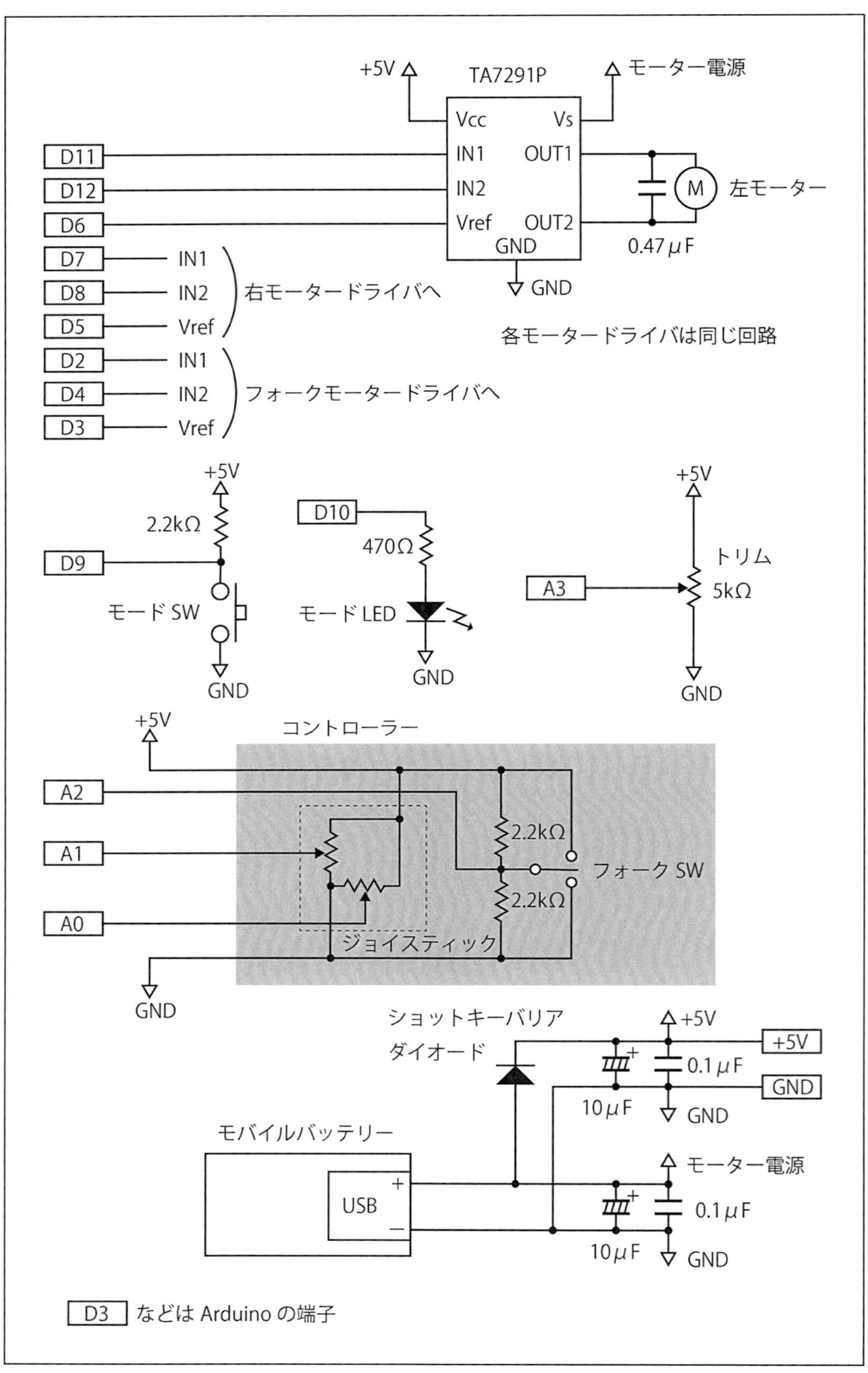

図2-13　シールドとコントローラーの回路図

るためのもので、要所要所にパラメータなどを表示するために置いてあります。プログラムの実行ループ中のものはコメントアウトしてあります。

この工作セットは説明書通りに組み立てると、3個のモーターをスイッチで正転、逆転させますが、せっかくマイコン制御を行うので、走行制御は1レバー操作にします。フォーク上下はセンターオフのモーメンタリレバースイッチを使います。

2-4-1　1レバー制御

ゲームコントローラーなどに使われている前後左右に動かせるジョイスティックを使って、前後進や旋回を制御します（第1章：図1-14）。

第1章で説明したように、ここでは走行速度が高いときは急旋回を行わないという走行モードをサポートします。スイッチを押すごとに、急旋回を抑止するモードと、その制御を行わないモードを切り替えます。製作例のモデルではさほど速度が出ないので、このような制御を行わなくても転倒の危険などはありません。しかし荷物を高く持ち上げて走っているときの荷崩れ対策にはなるでしょう。

制御の内容を簡単にまとめておきます。

中立（センター位置）

レバーが前後、左右方向とも中立位置のときは、車両は停止します。

前後進

左右方向が中立で前後方向にのみ操作されているときは、前か後ろに直進走行します。直進走行は左右の車輪を同じ速度で同じ方向に回転させます。具体的には、レバーを倒した方向で回転方向を決め、倒した角度が大きいほど速度が高いという制御を行います。

超信地旋回

前後方向が中立で左右方向にのみ操作されているときは、2個の車輪の中間点を中心とする超信地旋回を行います。超信地旋回は左右の車輪を同じ速度で逆回転させます。旋回の向きはレバーを倒した方向で、車輪の速度は倒した量で決まります。

緩旋回

レバーを斜めに倒した場合、つまり前後進と旋回の両方が求められている場合は、走行しながら旋回します（緩旋回）。緩旋回は、旋回中心が車軸の延長線上のどこかとなる旋回で、旋回中心が車両から離れているほど大きな旋回となります。

緩旋回走行は、内側車輪の速度を落とすという形で行います。つまり前後方向のレバーの傾きは旋回外側車輪の速度を示し、左右方向の傾きによって内側車輪の速度を低下ないし逆転させるということです。実際の制御アルゴリズムについては、後で説明します。

トリム

普通のマグネットDCモーターを複数使う場合、それぞれで回転速度差が出てしまうことがあります。モーターの個体差、ギヤボックスの抵抗の大きさの違いなどが原因です。2輪駆動制御の場合、2個のモーターに速度差があると、直進せずに緩旋回走行になってしまいます。これを補正するために、それぞれの速度差を考慮してモーター制御を行う必要があります。これを調整するのがトリム機能です。トリム調整は通常の運転時に使うものではなく、初期調整のためのものです。

もっともここで説明するトリム調整は、前進と後進であるいは高速時と低速時でバランスが違うという状況もあり、完全な調整ができるわけではありません。

2-4-2　モードの切り替え

制御プログラムによってレバー操作で車両が走行しますが、このプログラムには以下の3種の動作モードがあり、スイッチで切り替えることができます。

ジョイスティックの調整（キャリブレーション）

ジョイスティックの状態はマイコンのアナログ入力ポート（AD変換ポート）で読み込みますが、部品の種類や個体差によって、最小、中央、最大の読み込み値が変わってきます。このモードでは読み込み値の範囲を調べて、電源を切っても内容が失われないEEPROMに書き込みます。この処理の詳しい手順は、次の項で解説します。

これは走行モードではなく、車両は走行しません。このモードではドライバ基板上のLEDが点滅します。

旋回制御走行モード

前に説明した、速度が高いときには最小旋回半径を大きくするという走行モードです。スイッチを短時間押すことで、次の非制御モードと切り替わります。このモードではLEDが消灯します。

旋回非制御走行モード

速度に応じた最小旋回半径の制御を行わないモードです。このモードでは走行速度に関わらず、旋回半径を小さくすることができます。

2-4-3　ジョイスティック情報の初期設定

操作に使うジョイスティックで、制御の際に重要になるのが、中立位置と最小／最大位置です。ジョイスティック内部のVRはアナログ部品なので、抵抗値のばらつきなどの個体差があります。特定の値を想定してプログラムを作ると、部品の誤差により値が変わってしまい、正常に動作しない可能性があります。

毎回プログラム中の定数値を書き換えるというのは不毛なので、プログラム中に可変抵抗のパラメータを認識させる機能を用意します。ドライバシールド上のモードスイッチを1秒以上押し続けると、ジョイスティックの調整（キャリブレーション）モードに入り、LEDが点滅します。

このモードのときに、ジョイスティックを前後左右に最大動作範囲まで動かします（このモードでは車両は走行しません）。マイコンはこのときの値の変化を読み取り、ジョイスティックから得られる数値の範囲とします。そしてジョイスティックから手を離した状態、つまり中立位置でこのモードを終了すると、そのときの位置を中立位置とします。

このようにして得られたジョイスティックのパラメータは、マイコンのEEPROMに書き込みます。EEPROMは電源を切っても内容が失われないメモリなので、以後の起動時にこの値を読み出すことで、以前に登録した動作範囲情報を取得することができます。

このモードの終了も、基板上のスイッチで行います。1秒以上の長押しで、調べたデータをEEPROMに書き込み、現在使用しているデータも更新します。ちょんと短時間押したときには、EEPROMへの書き込み、現在値の更新を行わず、このモードを終了します（図2-14）。

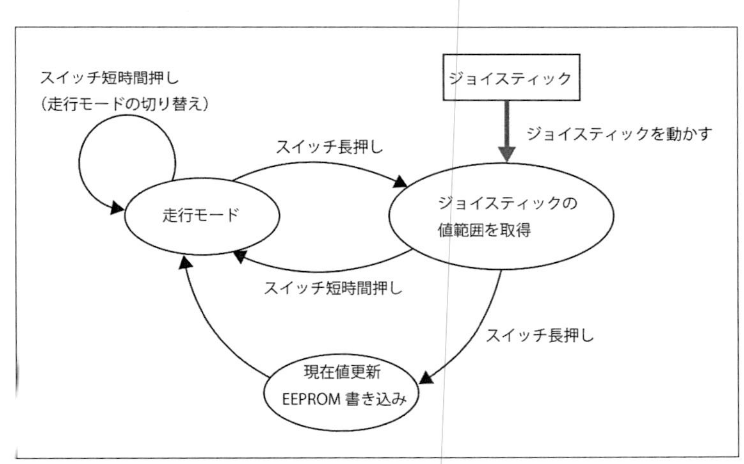

図2-14　ジョイスティックの初期設定の流れ

このようにジョイスティック情報をEEPROMに書き込むことで、プログラムの起動ごとに調整処理を行う必要がなくなります。プログラムは起動すると最初にこのEEPROM中のデータを読み出し、ジョイスティックのパラメータとします。

問題は初めてこのプログラムを起動したときです。EEPROMには適切なデータが書き込まれていないので、ジョイスティック用のデータが正しく得られません。そのためEEPROM中のデータには簡単な検証用コードも書き込んでいます。すべての数値データ（16ビット）を加算し、その結果の下位16ビットを反転した値を検証用データとします（オーバーフローは無視します）。データの読み込み時にも同等の処理を行い、整合すれば正しいデータが読み込めたものと判断します。このようなデータ正当性の判定方法をチェックサムといいます。

ジョイスティックの範囲データは`STICK_INFO`という構造体に格納します。

```
// ジョイスティックの動作範囲情報（EEPROMに格納）
typedef struct stickInfo {
  unsigned short xMax;
  unsigned short xCenter;
  unsigned short xMin;
  unsigned short yMax;
  unsigned short yCenter;
  unsigned short yMin;
  unsigned short chkSum;
} STICK_INFO;
STICK_INFO stick; // ジョイスティックの動作範囲、中立位置のデータ
```

ジョイスティックデータを収集したら、チェックサムを計算した後、EEPROMに書き込みます。

```
// チェックサムを計算
stick.chkSum = ~(stick.xMax + stick.xMin + stick.xCenter
  + stick.yMax + stick.yMin + stick.yCenter);
EEPROM.put(0, stick);  // EEPROMに書き込み
```

EEPROMから読み出したときは、チェックサムを検証し、正常なデータかどうかを確認します。

```
EEPROM.get(0, stick); // EEPROMから読み出し
// データを検証
chkSum = stick.xMax + stick.xMin + stick.xCenter
  + stick.yMax + stick.yMin + stick.yCenter;
if ((chkSum + stick.chkSum) != 0xffff) {
  // チェックサムが合わなければエラー
  Serial.println("Check sum Error");
  return 1;
}
```

プログラムが起動し、初期化ルーチン（init関数）でジョイスティック情報が正しく得られなかった場合は、走行モードには移行せず、最初にジョイスティック調整モードになります。このときにEEPROMに保存しなかった場合は、AD変換の範囲内の適当な数値でパラメータを初期化します。

2-4-4　実行ループ

初期化が終わった後、プログラムは実行ループに入ります。繰り返し呼び出されるloop関

数の中で、スイッチ操作の判定と必要な処理、コントローラーの読み込み、モーターの制御という一連の処理を行います。スイッチの長押しの判定など、時間を要する処理については、状態遷移を管理することで、プロセッサが長時間にわたって特定の作業に占有されないようにしています。

これを連続的に繰り返し行うことで、スイッチやコントローラーの操作に応じてモーターが制御され、車両が走行します。

2-4-5 走行モーター制御

レバー操作でマイコン制御のシステムを操縦する場合は、レバーの傾きに応じてそれぞれの車輪の回転速度を計算し、回転方向やPWM制御のパラメータを算出することになります。あるいはロボットなどに組み込んで使う場合は、直進、方向転換、後退といったコマンドを用意し、速度や時間、距離を指定するでしょう。そしてそれぞれのコマンドとパラメータを解釈し、モータードライバを制御します。

今回のプログラム例は、旋回制御モードと旋回非制御モードを選んで走行させることができます。旋回制御モードは、前に触れたように高速走行時の最小旋回半径を大きくするというもので、転倒などの可能性を下げることができます。旋回非制御モードはこのような判定は行わず、最大旋回時には超信地旋回を行います。安全に走行するのは、制御する側の責任となります。

もう1つの要素がトリムです。2個のモーターに速度差があると直進走行時に徐々に曲がってしまいます。これを防ぐために、モーターの速度差を調整します。具体的には速いほうのモーターの速度を、一定の割合で低下させるという処理を行います。トリムが中央位置ならこの調整をしません。例えば中央からちょっと左に回した場合は、左側のモーターの速度を低下させます。車両が直進時に右に曲がる傾向があるなら、トリムをちょっと左に回すことで、速いほうの左側モーターの速度が下がり、直進するようになります（図2-15）。

プログラムの実行ループは、トリムVRの値を読み込み、右と左のトリム値を0.5から1の範囲で指定します。0.5ならモーター半速で、1だと減速なしとなります。

実際の走行制御では、旋回についてのモードとトリム設定に応じて、左右のモーターを制御する必要があります。

ジョイスティックの値は、前に説明したジョイスティックの読み込み値に基づいて、後進フルが－1、前進フルが1、左フルが1、右フルが－1、中央値がいずれも0という範囲に正規化します。前後の値は`fr`、左右の値は`turn`という変数に収めます。

モーターの速度はスティックの状態に応じて－1から1の範囲となり、これにトリム値を適用して実際の回転速度とします。速度の計算には実数で行っていますが、この程度の計算だと整数でも計算できるでしょう。最終的なPWMパラメータは0から255ですが、5V電源で実効電圧を3Vにするために、最高速の値は`MOTOR_FACT`（160）としています。

それぞれのモードの制御アルゴリズムを以下に示します。直進走行を示していませんが、`turn`が0の場合が直進となり、左右のモーターの速度値が同じになります。

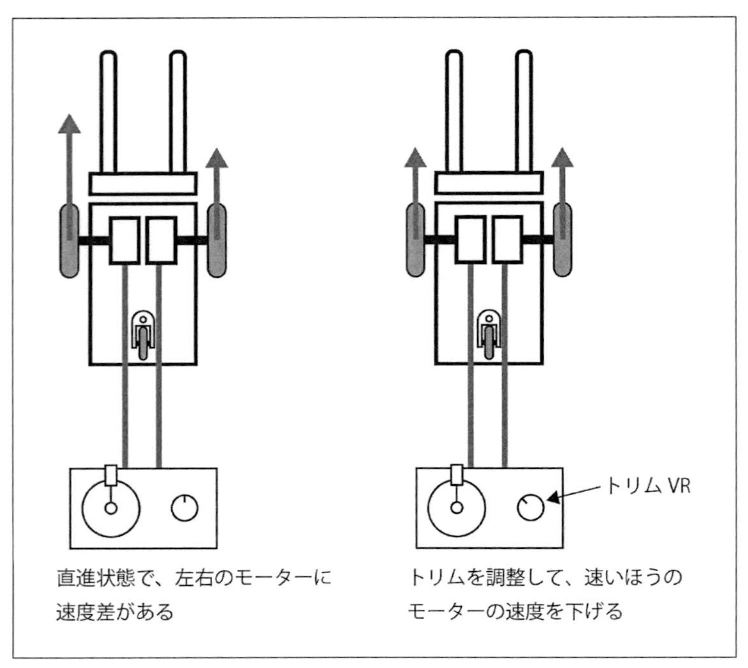

図2-15　トリム調整

超信地旋回

走行モードに関わらず、前後進速度が0近辺で方向レバーだけが操作されたときは、超信地旋回を行います。この場合、方向レバーの値を車輪の速度とし、左右の車輪を逆方向に回転させます。非制御モードでは車輪の速度は最高速まで、制御モードでは半速までとしています。mR、mLは左右のモーター速度です。

```
if (ctrlMode == MODE_DIRECT) { // 非制御モードでは最高速まで対応
  mR = turn;
  mL = -turn;
} else { // 制御モードでは半速まで
  mR = turn * 0.5;
  mL = -turn * 0.5;
}
```

旋回非制御モードの緩旋回

前後レバーの値を旋回外側の車輪の速度とし、内側については外側速度に1から－1の係数をかけて速度を求めます。この係数は方向レバーの傾きによって決まります。これにより外側と同じ速度から外側と同じ速度の逆回転（超信地旋回）まで、内側車輪の速度が変化し、車両をさまざまな半径で旋回させることができます。

```
mL = mR = fr;
// 減速率は1から－1まで、1なら直進、0で信地旋回、－1で超信地旋回
```

```
t = -2 * abs(turn) + 1;
if (turn >= 0) {   // 左旋回なので左側を遅くする
  mL *= t;
} else {   // 右旋回なので右側を遅くする
  mR *= t;
}
```

旋回制御モード

このモードでは、内側車輪の速度を下げる係数を速度に合わせて調整します。これにより大きく操舵しても、内外の速度差が少なく、旋回半径が大きくなります。例えば係数を1から0の範囲にすれば、方向レバーをいっぱいに倒しても信地旋回までしか行わず、1から0.5にすれば、緩旋回しかしません。ここでは最高速のときに0.5になるように計算しています。

```
// 速度が高いときは旋回半径を大きくする
mL = mR = fr;
// 減速率の計算に速度を加味する
t = -(2 - 1.5 * abs(fr)) * abs(turn) + 1;
if (turn >= 0) {   // 左旋回なので左側を遅くする
  mL *= t;
} else {   // 右旋回なので右側を遅くする
  mR *= t;
}
```

ジョイスティックの操作に応じて、左右のモーター速度mLとmRの値が－1から1の範囲で決まります。この値に応じてモータードライバを制御し、実際にモーターを回転させます。

ドライバICは、IN1、IN2の2本の制御線の組み合わせで回転のOn/Offと方向を指定し、そして電圧制御端子Vrefにデジタルの PWM信号を与えることで、実効出力を調整し、回転速度を変化させます。

回転速度の計算は、－1から1の速度指定、0.5から1のトリム値を掛け、さらにPWM指定値の上限であるMOTOR_FACTを掛けて、実際のPWM出力値を得ています。

```
// 最高速度はMOTOR_FACT（実効電圧の調整値）
// spは速度値（－1から1）
int speed;
speed = sp * trim * MOTOR_FACT;
if (speed == 0) { // 停止
  digitalWrite(motor[m].in0, LOW);
  digitalWrite(motor[m].in1, LOW);
  analogWrite(motor[m].pwm, 0);
} else if (speed > 0) { // 正転
```

```
    digitalWrite(motor[m].in0, HIGH);
    digitalWrite(motor[m].in1, LOW);
    analogWrite(motor[m].pwm, speed);
  } else {  // 逆転
    digitalWrite(motor[m].in0, LOW);
    digitalWrite(motor[m].in1, HIGH);
    analogWrite(motor[m].pwm, -speed);
  }
```

＜コラム＞　ジョイスティックの動作範囲

ジョイスティックは図1-13に示したように、前後左右にスティックを動かすことができ、それをX-Yに分離して値を読み出すことができます。このとき、スティックの動く範囲について考える必要があります。

X軸、Y軸がそれぞれ最大範囲で動ける場合、スティックは正方形の範囲に位置します。例えばラジコン送信機のスティックはそのように動作します。一方、ゲームコントローラーなどに使われているタイプの多くは、スティックが動ける範囲が制限されています。具体的には正方形ではなく、ほぼ円形の範囲になっています。つまり縦や横に倒したときと、斜めに倒したときで、倒れる量がほぼ同じになります（正方形タイプは、斜めのときに傾く量が大きくなります）。

現在、電子部品として容易に入手できるジョイスティックの多くは、後者の円の範囲で動くものです。本書の製作例もこのタイプを使っています。実はこれは用途によっては不向きなのです。XとYを両方とも最大値あるいは最小値にしたくても、それができないのです。例えば本章の例で、最大速度で最大の旋回と書きましたが、このタイプのジョイスティックでは、最大速度のときは旋回できず、ちょっとでも旋回すると速度が低下することになります（円の中のスティック位置を考えるとわかります）。

2-4-6　フォーク制御

フォークもモーターで上下させます。この制御はセンターオフタイプのモーメンタリスイッチを使います。これは両ハネタイプというもので、指で押さえている間だけOnになるレバースイッチです。スイッチを前に倒している間は下降し、手前に引いているときは上昇します。

フォーク上下スイッチは、Off、上、下という操作なので、通常なら2つのデジタル入力ポートを使用するのですが、今回の構成ではデジタルポート数が切迫しているため、1つのアナログ入力ポートで読み込むことにしました。数ビットのデジタル信号を簡単な回路でアナログ信号化するというテクニックは、ポートが足りないときなどに便利です。

図2-16のようにスイッチと抵抗を接続すると、スイッチのコモン端子の電圧はどうなるでしょうか。スイッチがOffのときは、2つの抵抗で電源電圧が分圧されるので、電圧は2.5Vになります。スイッチをグラウンド側に切り替えると、この回路はプルアップされたスイッチ回路をグラウンドに落とした形になり、端子電圧は0Vになります。電源側に切り替えるとその逆で、プルダウンされた回路を電源側につないだ形になり、端子電圧は5Vになります。

これをアナログ電圧として読み込めば、0V、2.5V、5Vの3通りの電圧で、スイッチの状態が判定できます。スイッチと抵抗の組み合わせを工夫すれば、1つのアナログ入力ポートで数個

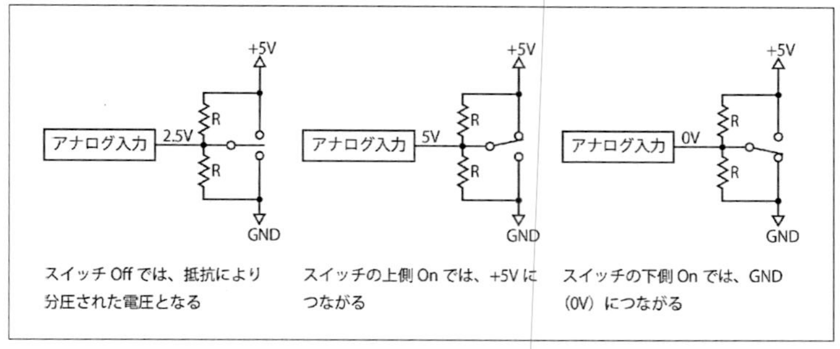

図2-16　アナログポートでスイッチの読み込み

のスイッチの状態を調べることも可能です。

フォークの上下を、単にOn/Off制御するだけではつまらないので、加減速制御を組み込みます。スイッチがOnの間は徐々に加速し、Offにすると減速します。また反対側に操作すると、減速し、停止した後に反転します。加減速を行うといっても、あまりゆっくり応答させるとかえって使いにくくなるので、ここでは1秒弱で停止からフルスピードになります。

フォーク用スイッチは走行用ジョイスティックと同様に、制御ループ内で状態を調べて処理を行います。加減速処理のステップ時間は50ミリ秒としたので、この時間間隔ごとにスイッチの状態を調べています。加減速処理を行っているので、チャタリングによる瞬間的なスイッチ状態の変化があっても影響はほとんどありません。そういう理由で、ここではチャタレス処理は省略しています。

第3章　オムニホイールの仕組みと制御

2輪駆動による走行は、直進、緩旋回から超信地旋回まで可能ですが、本章で解説するオムニホイールと第5章のメカナムホイールは、さらに自由度の高い走行メカニズムを実現できます。具体的には前後進だけでない任意の方向への直線走行、そしてそれに旋回動作を組み合わせることができます。本章ではオムニホイールの基本原理と、自由に走行させるために必要な制御について解説します。そして第4章で、実際にオムニホイールを備えたリモコン制御車両の製作例を示します。

車輪走行ロボットにオムニホイールを使えば、ロボットの向きと移動方向を自由に制御することができます。本書ではロボットの制御などには踏み込みませんが、オムニホイール走行メカニズムを実現するために必要な基本知識を解説していきます。

3-1　オムニホイールとは

オムニホイール（Omni Wheel）のOmniは、「すべての」「全」といった意味の接頭辞です。日本語にすると全方向移動型車輪となります[1]。

まずはオムニホイールがどのようなものかを説明し、その後で、それをどのように使えば自由度の高い走行が実現できるかを示します。

3-1-1　オムニホイールの構造

オムニホイールの外観と構造を図3-01と図3-02に示します。簡単にいってしまうと、車輪の踏面部分（円周部）にいくつかのローラーを取り付けた車輪です。ローラーはモーターなどで駆動されるものではなく、自由に回転します。

ホイールを回転させたときにゴツゴツ振動することなく滑らかに走行できるように、ローラーは樽形になっています。つまりホイールを真横から見たとき、ローラーの接地部分が円形になります。ただしローラーの両端にはローラー軸を支える部分が必要なので、この位置ではローラーで接地できません。そのため2組のオムニホイールを、ローラー位置がずれた形で重ね合わせます。これでホイールがどんな角度であっても、いずれかのローラーが地面に接地し、ローラーによる横移動が可能になります。

このような構造によりオムニホイールは、車輪として回転させると前後（ホイールの転がる方向）に動き、それとは別にローラーによって左右に動くことができます（図3-03）。ただし動力で動けるのはホイール全体の回転による前後方向だけで、左右方向への動きは外部からの力

1. オムニホイールは一般的に使われている用語ですが、この名称は（株）富士製作所の商標です。

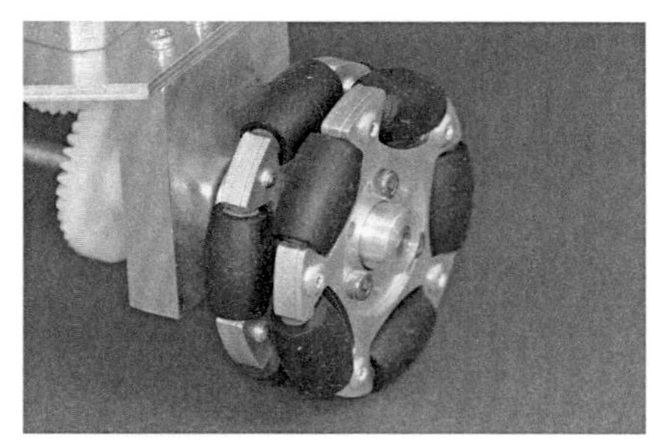

図3-01　オムニホイール

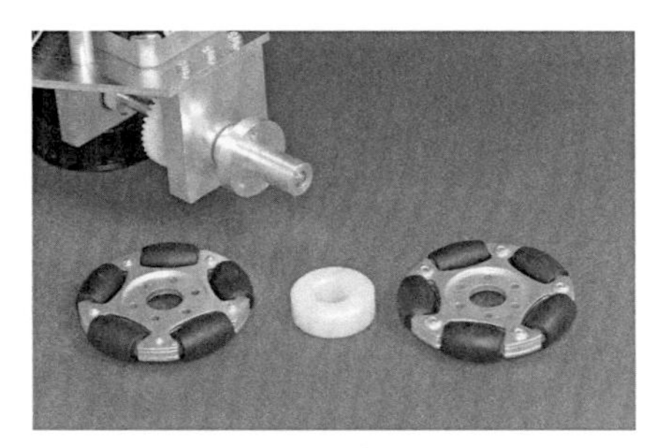

図3-02　オムニホイールの構成部品

によります。

本書ではオムニホイールのローラーによる横方向への移動のことを「横への転がり」あるいは「横滑り」と表記します。

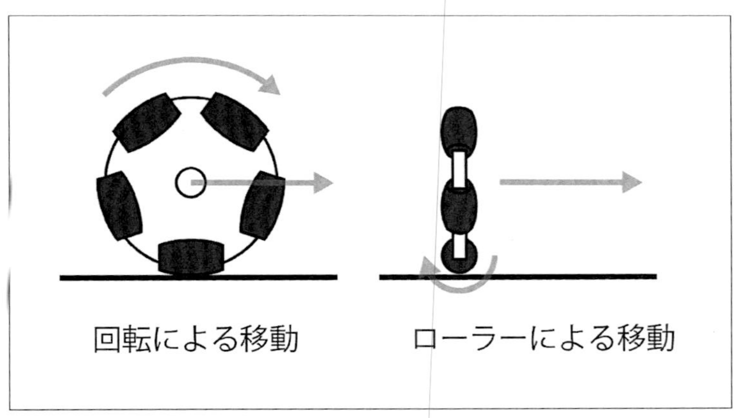

図3-03　オムニホイールの動き

3-1-2　自在キャスターとしての利用

このような構造のホイールは、どのように使えばいいのでしょうか。

まず、無動力で使うことを考えてみます。ローラーはもともと自由に回転しますが、ホイールも自由に回転するようにしたら、どうなるでしょうか。このホイールは前後方向はホイールの回転で、左右方向はローラーの回転で移動できるので、この2つの動きの組み合わせにより、任意の方向に転がることができます（図3-04）。つまり第1章の2輪駆動のところで使った首振りキャスターと同じように使うことができます。

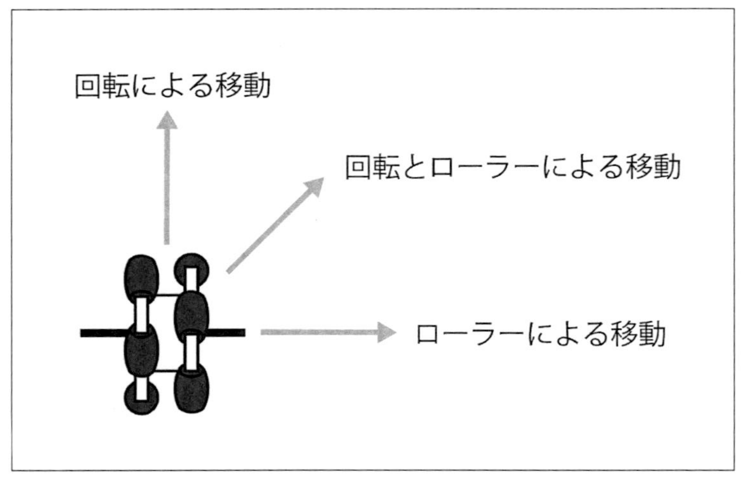

図3-04　オムニホイールによるキャスター

普通の首振りキャスターは、一方向にのみ転がる車輪の向きを変えることで、任意の方向への移動を実現します。しかし向きを変えるために、回転中心と車輪の接地位置をずらす必要があり、走行方向によって接地位置が変化します。また方向転換の際の車輪の抵抗が大きいなどの欠点がありますが、オムニホイールにはこのような問題はありません。

3-1-3　オムニホイールによる動力走行

オムニホイールをモーターで駆動することで、一般の車輪式とは異なる自由度の高い走行が実現できます。ここでいう「モーターで駆動」とは、ホイール全体の回転をモーターで制御するということです。外周部のローラーは自由に回転するままで、能動的な制御は行いません。

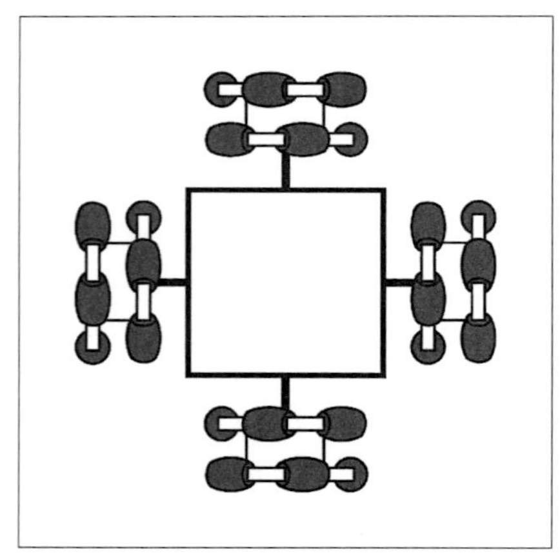

図3-05　4輪走行メカニズム

もっとも基本的かつ単純なオムニホイール走行メカニズムは、図3-05のようにオムニホイールを配置します。正方形のフレームの各辺の中央にホイールを1個ずつ配置します。オムニホイールを使う場合は、2輪駆動車両のときと同じように、個々のホイールに独立したモーターを用意します。そしてそれぞれのホイールを、任意の回転方向と速度で駆動できるようにします。

オムニホイールを備えた走行メカニズムは、任意の方向に走ることができますが、わかりやすくするために車体の前と後ろを決めておきます。4個のホイールは、前、後、右、左に配置される形になります。

基本的な走行パターンは次のようになります。

停止状態

左右のホイールは前後方向に進むように、前後のホイールは左右方向に進むようにモーターで回転します。それぞれのホイールのローラーは、回転による進行方向に対して90度の向きで転がることができます。

4輪が図3-05に示したように配置されている場合、各ホイールのローラーの転がれる向きが直交しているため、4輪とも止まっているときはどの方向にもローラーで転がることはできません。したがってモーターがすべて止まっているときは車両はその位置に留まり、ローラーが滑らない限り、外力を加えても動きません。

前後進と横走行

前後のホイールが停止状態で、左右のホイールを同じ向きに回転させると、前進あるいは後進します（図3-06）。前後のホイールは止まっていますが、接地しているローラーの向きが前後方向なので、車両の前後への走行方向に向けて転がることができます。一方、駆動されている左右のホイールのローラーは、前後のホイールが停止しているため横方向に転がることができず、車両は左右方向には移動できません。したがって左右のホイールのローラーは回転せず、車両は前後方向に移動します。

右か左への横方向への走行は、前後のホイールと左右のホイールの役割が入れ替わります。

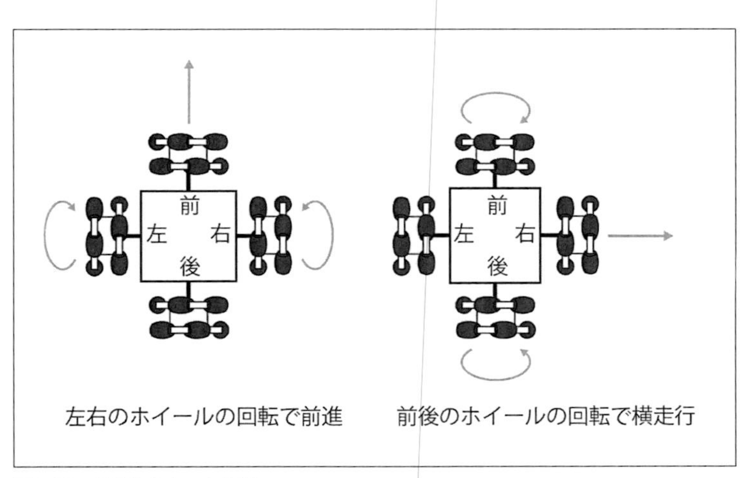

図3-06　前後と左右への走行

斜め走行

前後進の走行と左右の走行を同時に行うと、つまり左右のホイールと前後のホイールを同時に駆動すると、車両は斜め方向に直進します（図3-07）。

前後進あるいは左右走行では、駆動しない側のホイールはローラーによりホイールと直角方向に移動しましたが、すべてのホイールが回転することで、それぞれの回転方向への移動が同時に行われます。これに伴い、それぞれのホイールと直交するホイールのローラーが、その移動方向に向けて転がります。これで、前後方向の動きと左右方向の動きが合成され、車両は斜めに走ります。

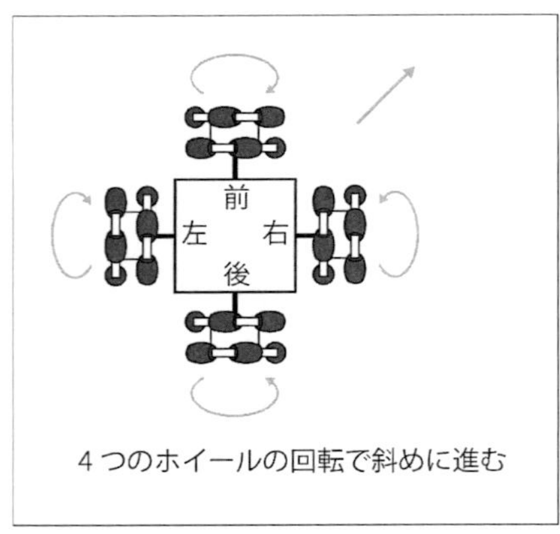

図3-07　斜め走行

旋回

前後、左右のそれぞれの向かい合ったホイールを、同じ速度で同じ方向に回転させると、車体は直進走行します。それに対し、向かい合ったホイールを同じ速度で互いに逆向きに回転させると、車体はその場で旋回（超信地旋回）します（図3-08）。もちろん前後のホイールと左右のホイールの旋回の向きは同じにしておかなければなりません。

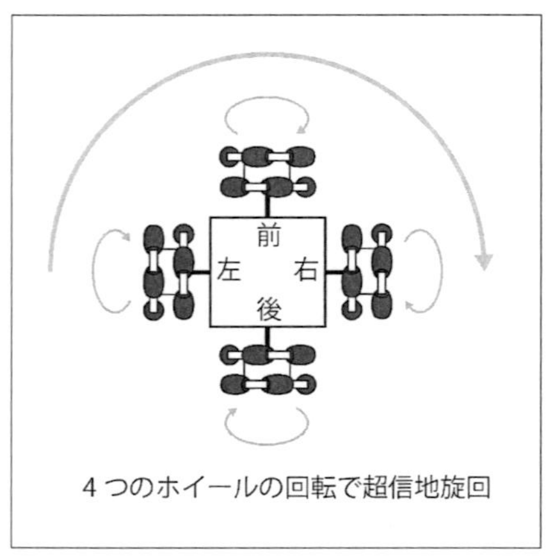

図3-08　超信地旋回

このようにオムニホイール車両は、2輪駆動では実現できなかった横や斜め方向の直進走行ができることがわかります。

3-2　オムニホイール車両の制御

オムニホイールによる走行メカニズムの基本動作がわかったところで、これを具体的に制御することを考えます。オムニホイールの制御で複雑なところは、各ホイールをそれぞれ異なる速度で回転させなければならないところです。2輪駆動メカニズムも個別に2個の車輪を制御しましたが、その動きは直感的なものでした。オムニホイールの場合は、単純な動きはわかりやすいのですが、複雑な動きになると、感覚だけではわかりにくくなります。また車輪の数も3個以上になるので、人間の直感で個々の車輪を制御して自由自在に動かすというやり方はむずかしく、マイコンを介在させて制御します。

まず制御の基本的な考え方を示すために、3輪タイプのオムニホイール車両について考えてみます。

3-2-1　3輪タイプ

前の節では動きがわかりやすい4輪タイプを取り上げましたが、実はオムニホイールは3輪でも同じように走行することができます。実際にはホイールの数が少なくて済む3輪タイプのほうが一般的です（図3-09）。各ホイールの接地位置は、4輪タイプと同様に、中心から等距離になっています。

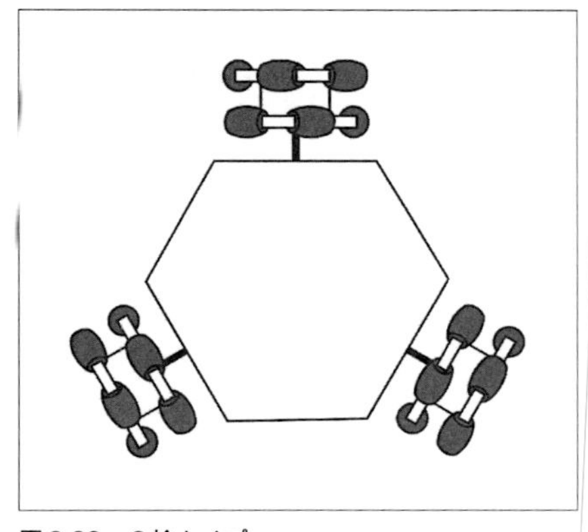

図3-09　3輪タイプ

3輪タイプの走行は、超信地旋回は4輪タイプと同じ考え方ですが、直線走行がちょっと複雑になります。走る方向に応じて、3輪、あるいは2輪を駆動します。ちょっと考えてみましょう。YouTubeの動画（https://www.youtube.com/watch?v=mBvXVsJCULI）と合わせてみるとよくわかると思います。

ここでは、ある1輪の位置を車両の前とします。

停止

3輪とも停止している場合、各ホイールのローラーの転がる向きは120度間隔となるので、外力を加えても動きません（図3-10）。

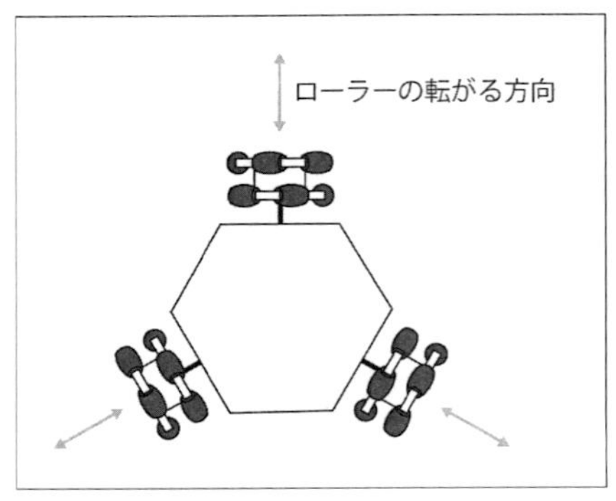

図3-10　3輪の停止状態

旋回

超信地旋回は、ホイールの数が変わっただけで、4輪のときと同じ動作です。各ホイールを同じ速度で旋回させる方向に駆動することで、車両は超信地旋回を行います（図3-11）。ただしこれは（4輪の場合も含め）、各ホイールが旋回中心から等しい距離にあるという条件があります。もし距離が異なるなら、速度に差をつける必要があります。

車両中心以外を旋回中心とする緩旋回については、制御の詳細を説明した後で触れます。

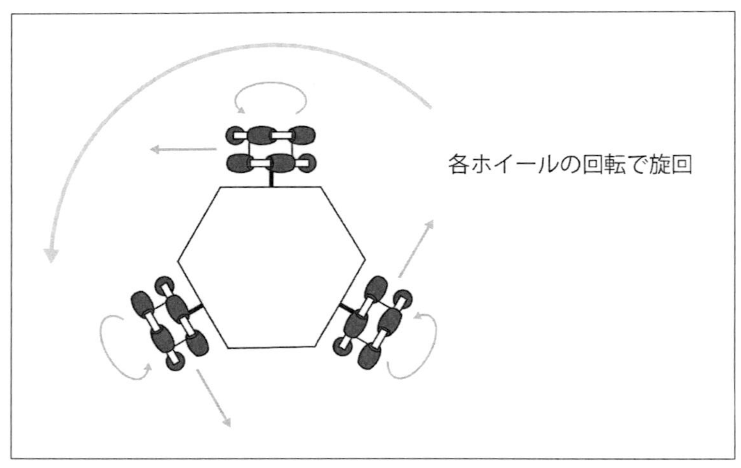

図3-11　超信地旋回

2輪を駆動して直進——前後進

前側の1輪は停止し、後ろの2輪を同じ方向に回転させます。進行方向は、止まっている1輪のローラーが転がる方向で、後ろ側の回転する2輪は、駆動によるホイールの回転とローラーの転がりが合成され、結果として車両は前か後ろにまっすぐ進みます。つまり駆動しているホイールは、駆動によるホイールの進行方向に対して斜めに進むことになります（図3-12）。ホイールの単位で見ると、これは4輪タイプの斜め直進走行と同じ形の動きです。

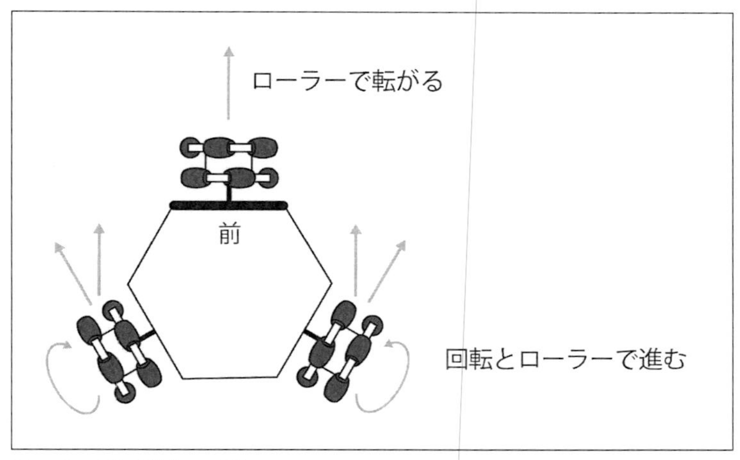

図3-12　2輪を駆動して直進

3輪を駆動して直進――横走行

前後進走行では左右の後輪が対称的な動きでしたが、左右走行の場合、前後のホイールは対称的な動きではなくなります。前後進のときには駆動しなかった前側のホイールを回転させ、残りの2輪は、横方向にスライドするように回転させます（図3-13）。2輪のうちの1輪は前後進のときと回転方向が逆になることがわかります。この場合も、後ろ側の2輪は、回転に対して斜めに進む形になります。

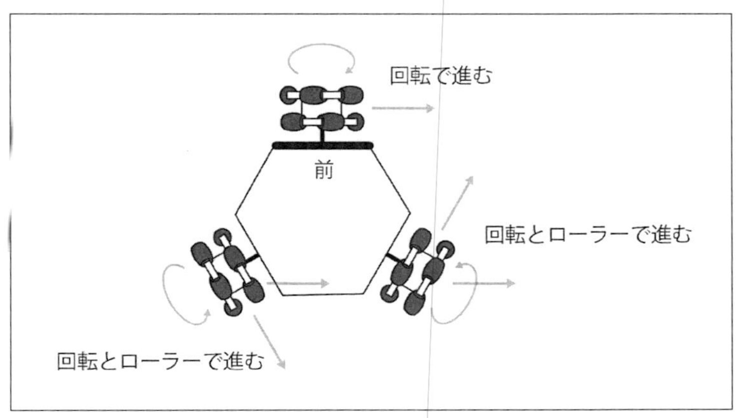

図3-13　3輪を駆動して横走行

3-2-2　ホイールの速度ベクトル

3輪タイプの車両が3輪を駆動して横向きに走行している状態について、3つのホイールの速度を考えてみます。同じ速度で回転させればいいのでしょうか。

ローラーによる横への転がりがない場合は、ホイールの駆動速度と、それによる移動速度は同じになります（ここではスリップは考えません）。ではローラーで横滑りしながら移動するとき、ホイールの駆動速度と実際の移動速度の関係はどうなるでしょうか。ここでいうホイールの駆動速度とは、ホイールが横滑りしなかったときの、ホイールの進行方向（ホイール軸に直交する方向）への速度のことです。つまり普通のゴムタイヤ車輪などと同じ動きです。そして移動速度は、斜めの状態も含めて、実際にホイールの接地点が動く速度です。

これを理解するには、数学のベクトルの考え方が必要です。ベクトルは方向と大きさからなる量です。例えば速度のベクトルといえば、向きは動きの方向で、速度（秒速100mmなど）がその大きさ（ベクトルの矢印の長さ）となります。

オムニホイールを制御するには、ホイールが地面に接している点における速度ベクトルを考える必要があります。オムニホイールの接地点での速度ベクトルには、図3-14に示すように3つの要素があります。

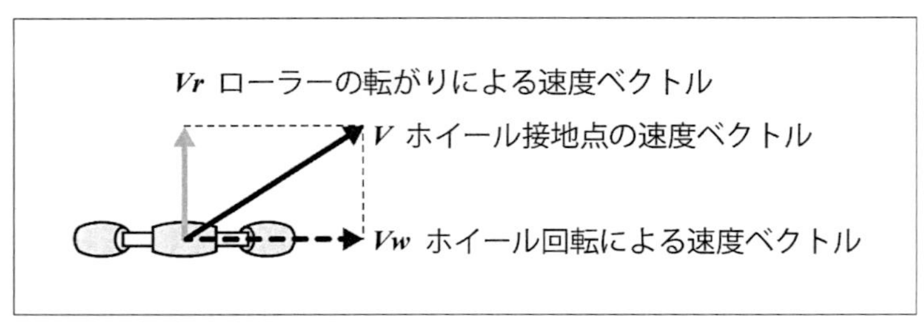

図3-14　オムニホイールの速度ベクトル

ホイールの駆動による速度ベクトル *Vw*

モーターでホイールを回転させることにより発生する速度ベクトルで、接地点において、ホイールの進行方向（ホイール軸と直角の方向）を向きます。その大きさはホイールの回転速度で決まり、ホイールの秒あたりの回転数と、ホイールの円周の長さ（直径×円周率）を掛けた値となります。

ホイールが停止している場合は0となります。速度が0の場合、方向はありません。

本書では以後、このベクトルを駆動ベクトル *Vw* と呼びます。*w* はwheelの意味です。

ローラーによる横への転がりの速度ベクトル *Vr*

ローラーが転がることによる、ホイールの横方向への動きの速度ベクトルです。ホイールが回転しているときであっても、横方向の動きだけに着目します。これはホイールの駆動による速度ベクトル *Vw* と直角の向きになります。

本書では以後、このベクトルを転がりベクトル *Vr* と呼びます。*r* はrollerの意味です。

実際の移動の速度ベクトル *V*

ホイールの接地点が、どの方向にどれだけの速さで動いているかを示す速度ベクトルです。実際に車両の動きを制御するときは、この速度ベクトルが車両の動きを示します。

本書では以後、このベクトルを移動ベクトル *V* と呼びます。

実際の移動の速度ベクトルVは、ホイール駆動の速度ベクトルVwとローラーによる横滑りの速度ベクトルVrを合成したものになります。ベクトルの合成は、ベクトルの2つの矢印を順につないだときの、その始点から終点までの1本の矢印で表されます。オムニホイールの駆動ベクトルと転がりベクトルは直交しているので、ベクトルの合成は、この2つのベクトルによる長方形の対角線となります（図3-15）。

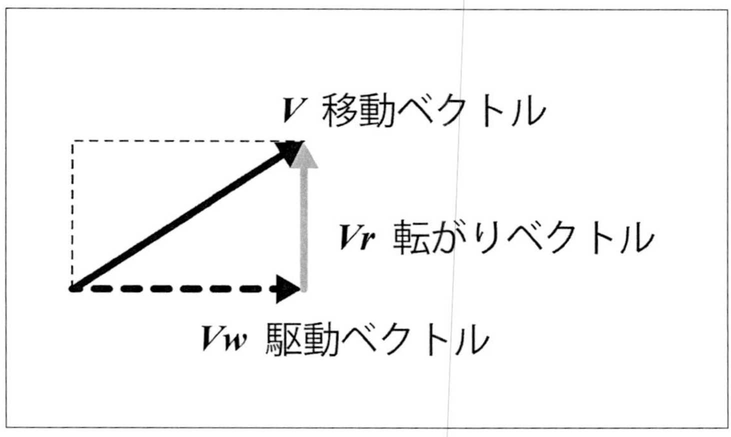

図3-15　駆動ベクトルと転がりベクトルの合成

ここまでのオムニホイールの動作を、ベクトルとして見てみます。まずは単純な4輪タイプでの各種の動きのベクトルを見てみます（図3-16）。

横向きの直進走行では、すべてのホイールは同じ移動ベクトルVで走行します。これは駆動している前後のホイールでは駆動ベクトルVwと等しく、駆動していない左右のホイールでは転がりベクトルVrに等しくなります。つまり各ホイールは、停止状態で横に転がっているか、横滑りなしでまっすぐに駆動しているかのどちらかです。

斜め走行ではホイールの回転と横滑りが同時に発生することで、駆動ベクトルVwと転がりベクトルVrを合成した移動ベクトルが得られます。それぞれのホイールの移動ベクトルVは同じ向き、大きさですが、ホイールの位置によりVwとVrの大きさが変わっています。ホイールの取り付け角度に応じて、2つのベクトルが入れ替わる形になります。

超信地旋回は、各ホイールの移動ベクトルの向きは90度ずつ違いますが、速度の大きさは同じです。各ホイールは共通の円周上を走行するので、転がりベクトルはありません。

4輪のオムニホイール車両の走行は、直感的に理解できます。しかし先ほど説明した3輪タイプだとちょっと複雑になります。超信地旋回は4輪と同じなので省略し、直進走行について説明します（図3-17）。

前進（前側のホイールは停止）の場合は、3輪すべての移動ベクトルVはまっすぐ前を向かなければなりません。停止している前側の1輪はローラーの転がりVrがVに等しくなります。一方、後側の2つのホイールは斜めに取り付けられているので、駆動ベクトルは前方外側を向きます。そして内側へのローラーの転がりベクトルVrを合成することで、斜め前向きの駆動べ

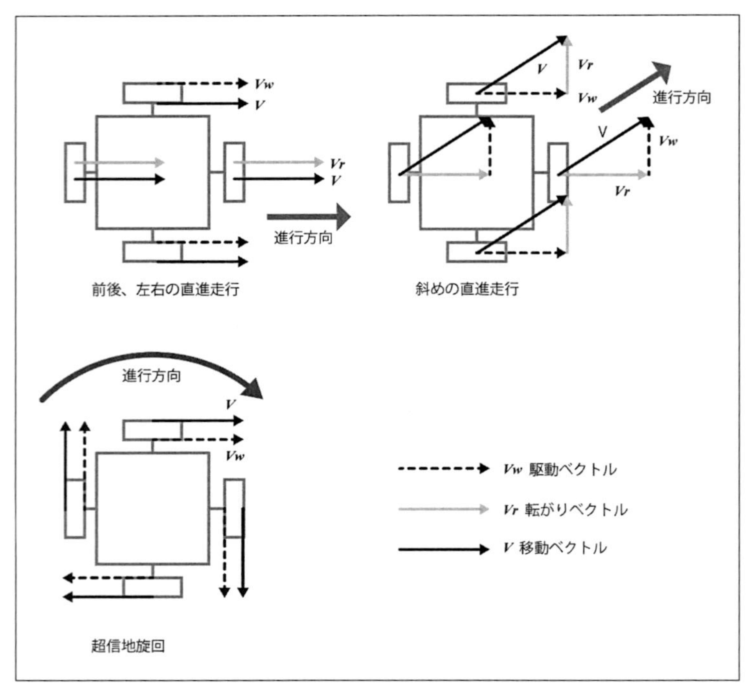

図3-16　4輪オムニホイールの走行のベクトル

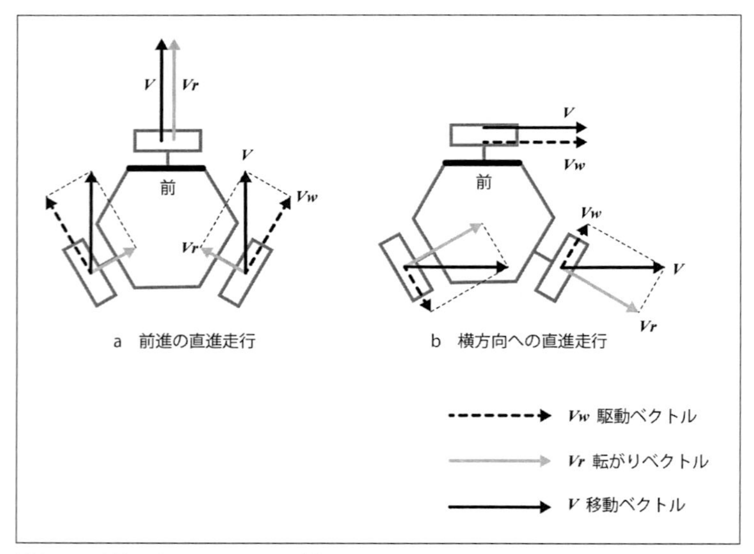

図3-17　3輪のオムニホイールの走行のベクトル

クトルがまっすぐ前向きの移動ベクトルになり、車両が前に進みます。つまり斜めに取り付けられた後側の2輪は、ローラーによって斜めに滑ることで、前進することができるのです（図3-17のa）。

横走行はちょっと複雑になります。例えば右への走行では、前側のホイールが右に進むように回転して横方向に動きます。真横への移動なので、前側ホイールのローラーは横滑りせず、移動ベクトルVは駆動ベクトルVwと同じになります。後側の2輪も右に進むように回転しますが、こちらは取り付け角度が斜めなので、右後輪は右上に進むように、左後輪は右下に進むように回転します。そして斜めの動きをローラーの横滑りで打ち消すことで、右真横に進みます(図3-17のb)。

移動ベクトルVは、直進走行ではすべてのホイールで同じでなければなりません。もし違えば、車体はまっすぐ進めません。右走行の場合、前側のホイールは真横に横滑りなしで進みますが、後ろ側ホイールは横滑りがあります。図3-18に示すように各ホイールのベクトルを並べてみるとよくわかりますが、移動ベクトルVを等しくするには、横滑りを伴うホイール(後側のもの)は、横滑りしないものよりも駆動速度を下げる必要があります。つまり単なる直進走行でも、個々のホイールの速度を変えなければならないのです。

逆にいうと、オムニホイールの移動速度は、常にホイールの駆動速度以上になります。移動方向と駆動方向が一致したときは等しくなります。

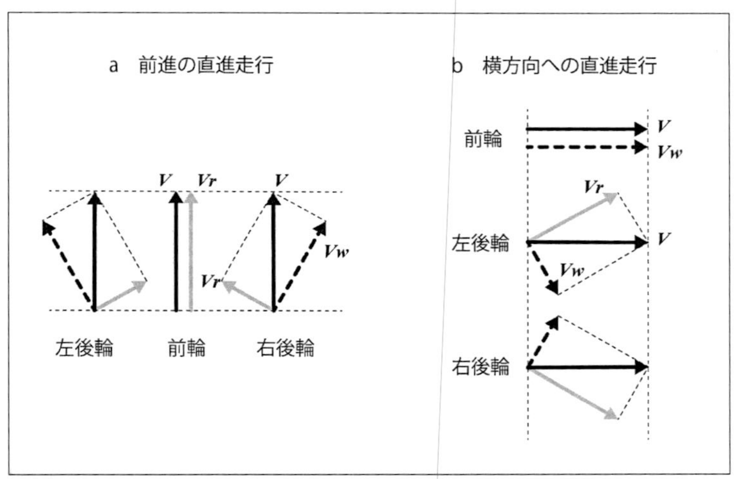

図3-18 各ホイールのベクトルの比較

3-2-3 駆動ベクトルの計算

車両の走行を考える際には、まず各ホイールの移動ベクトルVを決めます。このベクトルVでの移動のために、各ホイールでどれだけの大きさの駆動ベクトルVwが必要かを求めなければなりませんが、これはベクトルと三角関数の計算で得られます。

回転による駆動ベクトルVwとローラーによる転がりベクトルVrを合成したものが、実際の移動ベクトルVになります。VwとVrは常に直交しているのでそれぞれのベクトルの大きさ(絶対値)は、三平方の定理から$|Vw|^2+|Vr|^2=|V|^2$という関係が成り立ちます。しかし、$|Vr|$はわかりません。ローラーは成り行きで転がるだけで、制御の対象ではないからです。

Vwを得るためには、制御側が認識できる別のパラメータが必要です。指定された移動ベクトルVと駆動ベクトルVwの交差する角度θがわかれば、必要な駆動ベクトルVwの大きさを三角関数の計算で求めることができます。駆動ベクトルの方向は個々のホイールを取り付けてある向きなので、車両の構造で決まる定数となります。

まず、各ホイールの取付角度を定義します。ここでは前進方向を0度とし、反時計回りに角度を定義します（本文の解説ではわかりやすい度で示していますが、プログラム中ではラジアン（2π=360度）で扱われるので注意してください）。そして各ホイールの進む方向、つまり駆動ベクトルの角度を決めます。ここで注意しなければならないのは、ホイールの回転方向です。ホイールは正転、逆転しますが、これにより駆動ベクトルの向きが180度変わります。そのためそれぞれのホイールについて正転の方向を定義し、正転の際に進む方向をホイールの取付角度とします。走行方向によっては、駆動ベクトルの大きさがマイナスになりますが、この場合はホイールを逆回転させるという意味になります。ここでは車両が反時計回りに超信地旋回する際のホイールの回転方向を正転とし、それを駆動ベクトルの向きとします。3輪タイプなら前輪が90度、左後輪が210度、右後輪が330度となります。

移動ベクトルの向きも、同じように定義します。つまり車両前方であれば0度、左真横なら90度、後進なら180度となります。

このように定めた各ホイールの駆動ベクトルの角度と、移動ベクトルの角度の差が、この2つのベクトルの交差する角度θとなります。これは2つの角度の引算で求められます。図3-19はホイールの角度の定義と、右への横移動、つまり270度の移動ベクトルの場合の右後輪の角度差の関係を示しています。

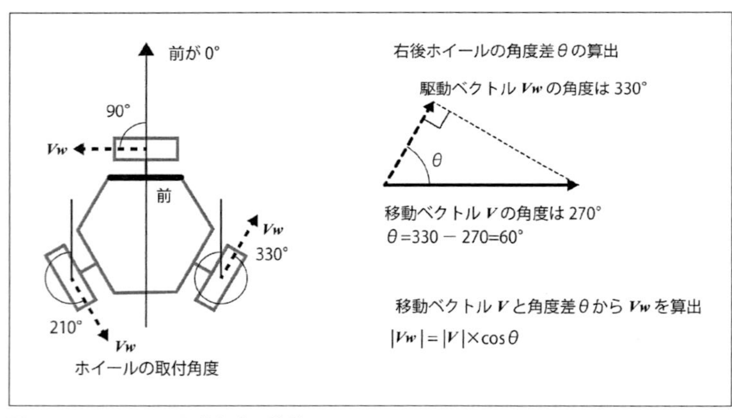

図3-19　ホイールの取付角度と移動ベクトル

移動ベクトルの大きさと向きが決まり、駆動ベクトルとの角度差θがわかれば、これらの値から駆動ベクトルの大きさを求めることができます。移動ベクトルの大きさに$\cos\theta$を掛ければ、移動ベクトルVに対する駆動ベクトルVwの大きさが計算できます。逆にいえば、この駆動ベクトルVwでホイールを回転させれば、移動ベクトルがVになるということです。さらに述べておくと、Vの大きさに$\sin\theta$を掛けると、ローラーの転がりベクトルVrの大きさが得られます。

実際に計算してみましょう。3輪タイプが秒速100mmで前進する場合、つまり移動ベクトルの角度0度で考えてみます（図3-20）。

前側は停止なので駆動ベクトルVwは0です。これは移動ベクトルと駆動ベクトルの角度差θが90 − 0で90度なので$\cos\theta = 0$となり、計算が合います。

右後輪の角度は330度なのでθは330 − 0、$\cos\theta$は約0.86になり、これに移動速度の100mm/Sを掛ければ、秒速86mmで駆動すればよいことがわかります。左後輪の角度は210度なのでθは210 − 0、$\cos\theta$は-0.86になり、駆動速度は秒速-86mm/Sです。マイナスになっているのでホイールを逆転させます。これでホイールは左斜め前に進む方向に回転します。

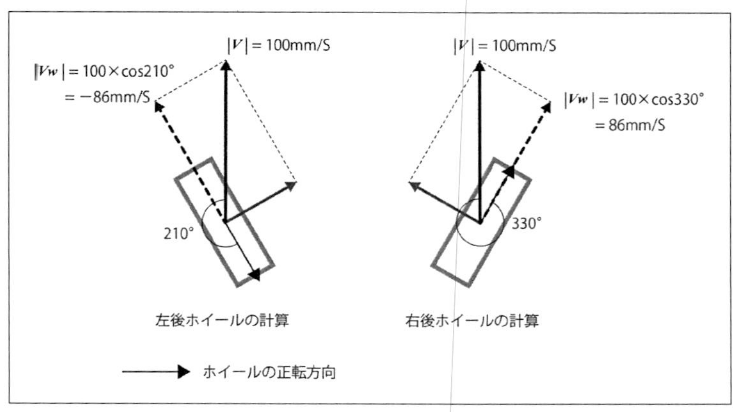

図3-20　前進の計算

同様に、秒速100mmでの右横走行の計算は次のようになります。右横なので移動ベクトルの角度は270度となります。

前輪　$100 \times \cos(90 - 270) = 100 \times (-1) = -100$

左後輪　$100 \times \cos(210 - 270) = 100 \times 0.5 = 50$

右後輪　$100 \times \cos(330 - 270) = 100 \times 0.5 = 50$

前輪の値がマイナスになっていますが、これはホイールを逆回転させることを意味しています。前輪は左に進む方向を正転としていたので、右走行では逆に回転させます。

駆動速度は、前輪が100mm/Sなのに対し、後輪は50mm/Sと半分になっています。このとき、後輪のローラーは86mm/Sで進むので合成した速度は100mm/Sになり、前輪と同じになります。

この一連の計算で、移動ベクトルから駆動ベクトルを求めることができます。ベクトルは方向と大きさからなる量ですが、実際に計算によって得るのは駆動ベクトルの大きさだけです。方向はホイールが車体に取り付けられている角度なので、計算においては定数となります。

本書の以降の部分で「駆動ベクトルを求める」という表記が多数ありますが、実際には「駆動ベクトルの大きさを求める」という意味になります。

3-2-4　走行のための座標系

オムニホイールを備えた車両を制御するには、それぞれのホイールの接地点において、どのような移動ベクトルVを発生させるかを決めればよいということがわかりました。そしてそのベクトルが得られるように、ホイールの取付角度を加味して駆動ベクトルVwを算出します。

直進走行であれば、進行方向に関わらず、すべてのホイールの接地点における移動ベクトルは同じになります（平行移動して重なるベクトルは、同じベクトルとなります）。あとはホイールの向きと移動ベクトルから、各ホイールの駆動ベクトルを求めれば、希望する方向に直進させることができます。

では旋回はどうなるでしょうか。車両を旋回走行させる場合は図3-22に示すように、各ホイールは旋回中心点を中心とする円周上を走行します。それぞれの旋回円の半径は異なり、移動ベクトルは円の接線方向となるので、各ホイールの移動ベクトルの向きと大きさはそれぞれ違うものになります。

旋回を考えるときは、基準となる系を意識する必要があります。旋回走行を外部から見ると、少し進むごとに移動の向きが変わっていきます。しかし車両上の視点では、車両側で何らかのベクトルの変化が起きることはなく、まわりの世界が回転していくだけです。自動車で思い浮かべればこのことの意味がわかるでしょう。自動車を運転しているとき、ハンドルをある角度に切った状態を維持すると自動車は円旋回します。外から見ると自動車の向きは刻々と変わっていきますが、運転者側は変化を伴う操作は何もしていません。

オムニホイール車両の制御という面で見ると、これはベクトルを考えるときの座標系をどのように定めるかということです。路面の座標系で考えるか、車両の座標系で考えるかの違いです。前述の直線走行では、車両の向きが変わらなかったので、路面系でも車両系でも座標系の差は実質的にありません。直進走行は平行移動であり、原点が移動しますが、ベクトルはすべて相対的な量なので原点の位置は関係しないからです。

それに対して旋回走行は、路面系と車両系で大きく異なります。人間が操縦する乗り物の制御は、基本的に車両側の座標系で考えます。具体的には、個々のホイールの移動ベクトルと駆動ベクトルの計算を、車両を基準にした座標系で行うということです。車両座標系なら、旋回走行に伴ってベクトルが刻々と変化すると考えずに済みます。そして必要に応じて、路面の座標との対応を考えます。例えば指定されたコースを走行するといった目的があれば、路面の座標系を考えない訳にはいきません。

ここでは路面の座標系は考えず、オムニホイール車両の旋回走行を車両の座標系でのみ考えます。最初に座標系を定義しなければなりません。計算を容易にするために、ここでは車両中心（各ホイールの軸の延長線が重なる点）を原点とします。そして車両の前を定め、その方向をx軸、y軸はそれと直交するもの（車両の左方向）とします（図3-21）。

ここまで車両の前を上にして図を示してきましたが、xy座標系は一般にxを横軸とするので、座標系に関する図については、車両の前をxの正方向、つまり右向きに描いています。また角度も前方が0度なので、水平向きから反時計回りで示します。

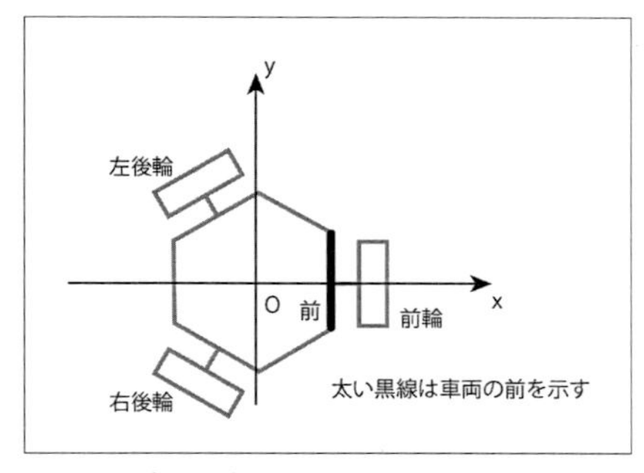

図3-21　車両の座標系

最初に触れたように、車両の座標系は、車両の向きの変化の影響を受けません。常に車両の前、左右、後ろという視点でホイールのベクトルなどを考えることができます。

3-2-5　緩旋回走行

使用する座標系も決まったので、超信地旋回以外の緩旋回走行を具体的に考えてみましょう。オムニホイール車両は任意の方向に進むことができ、さらにそれに旋回を組み合わせられます。つまり緩旋回走行を行う際に、旋回中心を任意の位置にできます。前に説明した2輪駆動制御では、旋回中心は車軸の延長線上のどこかでしたが、オムニホイール車両にはそのような制限はありません。普通の車輪と異なり、オムニホイールは接地点において任意の方向に移動できるので、このような走行が可能なのです。

緩旋回では各ホイールが適切に円走行しなければならず、そのためにはそれぞれのホイールの移動速度のバランスを考えなければなりません。2輪駆動制御のところで触れたように、それぞれの車輪に速度差があることで、車両は円走行をします。オムニホイールの場合も同様で、それぞれのホイールの接地点の移動ベクトルに適切な速度差があることで、ある1点を旋回中心とする円走行になります（図3-22）。

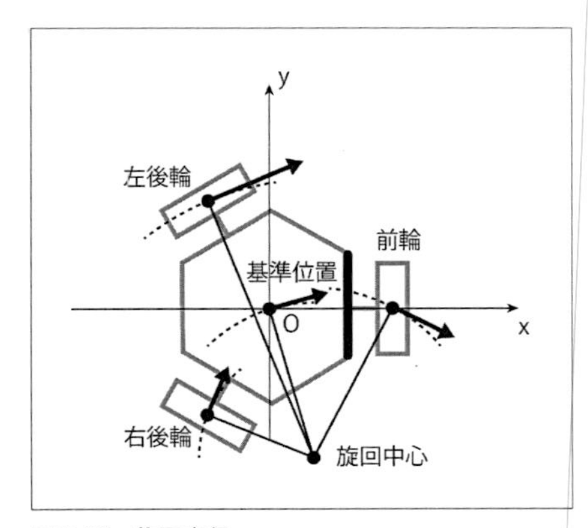

図3-22　旋回走行

緩旋回時は、それぞれのホイールが走行する円の半径が異なります。そのため各ホイールの移動速度（移動ベクトルの大きさ）も異なり、この値はそれぞれのホイールの旋回半径に比例します。つまり外側ほど速く動くことになります。このような条件が満たされることで、滑らかな旋回を実現できます。

この計算について説明しましょう。旋回に関わる各種の要素を図3-23に示します。

まず旋回時の車両の基準となる速度ベクトル*V0*と旋回半径R0を定めるために、車両の基準位置を定めます。ここでは車両の中心（車両座標系の原点）とします。以後の計算で使用する車両速度は、この点について考えるものとします（実際にはいろいろ考慮する点があるのですが、それについてはプログラムのところで説明します）。次に旋回中心の位置を決めます。これは車両座標系上の位置（Cx, Cy）として定めます。

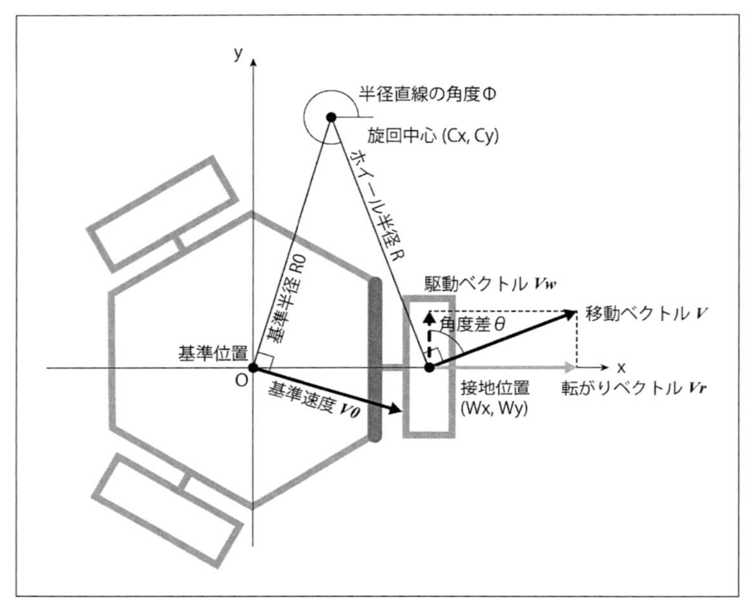

図3-23　旋回時のホイールのベクトル

旋回走行では各ホイールが異なる軌跡を移動するので、その計算のためにホイールの位置情報が必要です。これは車両の基準位置（原点）に対し、ホイールがどの位置で接地しているかという座標情報で示されます。これはホイールの取付角度と同様に、車両の構造によって決まる定数値です。図では（Wx, Wy）で示されています。

以後の計算は前輪についてのものですが、ほかのホイールも同様に算出できます。

オムニホイール車両を旋回走行させるには、旋回中心から各ホイールの接地点まで直線を引き、その線に直交する方向に移動ベクトルを伸ばします。つまり移動ベクトルを、旋回円の接線方向のベクトルとします。中心と接地点を結ぶ直線の長さはそのホイールの旋回半径Rとなります。移動ベクトル*V*の大きさは、各ホイールの旋回半径の大きさに比例した値にします。そのため基準位置における速度に対して旋回半径の比率を掛け、ホイールの移動ベクトルの大きさを求めます。移動ベクトルの大きさは以下のように計算できます。

$$\text{ホイールの移動速度} = \text{基準位置での移動速度} \times \frac{\text{ホイールの旋回半径}}{\text{基準位置の旋回半径}}$$

移動ベクトルの向きは、半径を示す直線の向きに対して直角となります。この半径の直線の向きは、ホイールの接地点（Wx, Wy）と旋回中心（Cx, Cy）の座標から、以下のように求めることができます。$\tan^{-1}$（逆正接関数）の計算結果は－90度から90度の範囲となり、90度と－90度（270度）のときに例外処理が必要です。また実際の座標の位置に応じて、求める値はこの範囲外になることもあります。そのため実際の処理では、任意の点と角度に対応できるatan2という関数を使います。atan2関数は、正接の比率ではなく、x座標とy座標を指定して、原点から見たその点の角度を返します。

$$\frac{Wy - Cy}{Wx - Cx} = \tan\Phi$$

$$\Phi = \mathrm{atan2}(Wy - Cy,\ Wx - Cx) \quad \text{角度の例外や象限の判定も含む}$$

移動ベクトルの方向はこの直線に直交します。つまりΦに90度を加えるか引くことになります。どちら向きにするかは走行方向によって変わってきますが、最初にきちんと向きを定義しておけば、座標と三角関数の計算、角度の大きさにより適切に値が正負になり、目的の値が得られます。ここではホイールの正転の方向を左超信地旋回方向と定義しており、走行方向に関わらず、Φに90度を加えれば正しい結果が得られます。

これでホイールの接地点での移動ベクトルの大きさと方向が求められたので、駆動ベクトルを計算することができます。駆動ベクトルは前に説明したように、ホイールの取付角度と移動ベクトルの角度差θのcosを求め、それに移動ベクトルの大きさを掛けます。cosは正負の値となりますが、結果が負数になったときは、ホイールを正転方向の逆に回すという意味になります。

$$|Vw| = |V| \times \cos\theta$$

各ホイールの接地位置の違いから、移動ベクトルは向き、大きさとも異なるものになるので、移動ベクトルから求める駆動ベクトルも、それぞれ異なる値になります。

この計算の具体例は、次章の製作例のコード中に示しています。

3-2-6　超信地旋回

車両の走行速度を定める基準位置として車両の中心点を考えましたが、これには1つ問題があります。車両の中心を旋回中心とする超信地旋回を行う際に、車両の走行速度が0になってしまうため、各ホイールの速度を比率で定められないのです。では車両のほかの位置を基準にすればよいかというと、そうもいきません。走行のパターンによって、その別の位置が旋回中心になることがあり、やはり超信地旋回と同じ問題が起きてしまいます。

現実的に考えると、超信地旋回は移動を伴わない旋回なので、走行速度が0であることに論理的な矛盾はありません。しかし制御の面で考えると、超信地旋回は例外的な処理が必要になります。

超信地旋回では旋回中心が車両の基準位置に重なるので、ここで示してきた車両の構造（各ホイールの車軸が1点で交わるような配置）では、各ホイールの移動ベクトルはホイールの駆動方向に一致します。つまりローラーの横滑りはなく、移動ベクトルと駆動ベクトルは等しくなります。また対称的な構造であれば、旋回半径はすべてのホイールで同じです。したがって、すべてのホイールを同じ速度で回転させれば、車体は超信地旋回を行います。

これらの点を考えると、超信地旋回は例外処理が必要であるものの、実際の計算処理はとても簡単であることがわかります。ただし非対象な構造なら、それぞれのホイールの位置に応じて移動ベクトルと駆動ベクトルを算出する必要があります。

3-2-7　特殊な走行

ここでは任意の方向への直進、超信地旋回、任意の点を旋回中心とした緩旋回について説明しましたが、ほかにも走行パターンが考えられます。例えば直進走行しながら車両の向きを変えるといったことも可能です。すべては、各ホイールの移動ベクトルの決定と、それを実現する駆動ベクトルの計算に行き着きます。

＜コラム＞　ホイールを増やす

本章では、３輪タイプと４輪タイプのオムニホイール車両を解説しました。４輪タイプは動きが直感的ですが、３輪タイプはまっすぐ走らせるだけでも、計算を伴うホイールごとの速度制御が必要です。しかし原理を理解してしまえば、そんなにむずかしいものではありません。

ここで説明した原理から、実はオムニホイールは何輪でもかまわないということがわかります。５輪、６輪、８輪というように増えていっても、個々のホイールの接地点における移動の速度ベクトルを求め、それに対する駆動ベクトルを算出すれば、目的の走行が実現できます。また車輪を車体中心から等間隔に円周上に配置するという制約もありません。車両の用途に応じて自由に配置することができます。もちろん、縦横の移動や旋回を実現できる配置である必要がありますが。

第4章　オムニホイール車両の製作

実際にオムニホイールで走行する車両（図4-01）を作るには、さまざまな要件に応じて、適当なオムニホイールの入手、ホイールを駆動するモーターの選択やギヤボックスの設計製作、モータードライバ回路の準備、マイコンを使った制御ソフトウェアの作成などが必要になります。

キットや評価用の製品を購入するというやり方もありますが、本書では自作例を紹介します。だれでもこの通りに作れば完成するという形で解説するのはむずかしいので、ここでは製作例を示すにとどめます。しかし原理を理解し、各部の工作やプログラミングの知識があれば、詳細な手順を示さなくても自分で作ることができるでしょう。

この製作例では旋盤やCNCフライス盤を使った機械加工や3Dプリンタによる部品製作を行っていますが、ギヤボックスまわりの部品をうまく工夫すれば、切断とドリルでの穴あけ加工くらいでも実現できると思います。

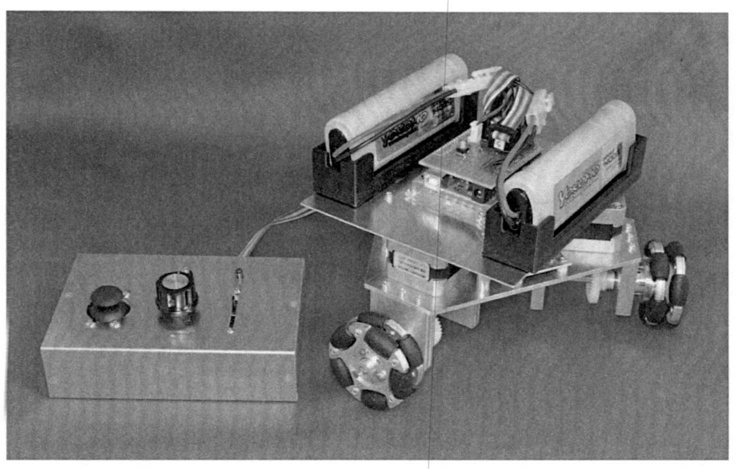

図4-01　オムニホイール車両

4-1　全体構成

ここでは3輪タイプのオムニホイール走行メカニズムを製作します。それぞれのオムニホイールは減速ギヤを介してステッピングモーターで回転し、正確な速度制御を実現します。ステッピングモーターはドライバICで駆動し、必要な制御情報はマイコンで生成します。

走行の制御は、人間によるリモコン操作とします。無線通信モジュールをマイコンユニットに組み込めばラジコン模型のようなワイヤレス制御ができますが、ここでは制御系の解説を主題としているので、2輪駆動モデルと同様に単純な有線制御とします。

主要な構成要素について、以下に簡単にまとめておきます。

4-1-1 オムニホイール

製作例では、Nexus Robotの直径60mmのオムニホイールを使いました。これは1周に5個の樽型ローラーを備えたものが2組重ねられています（図4-02）。これをハブという部品を使って直径6mmの駆動軸に取り付けます。ハブは市販品もあるようですが、今回は自作しました。

ホイールは、各種ロボット部品を扱っている通販サイトで入手しました（https://www.robotshop.com/jp/ja/60mm-aluminum-omni-wheel.html）。これを3個使用します。

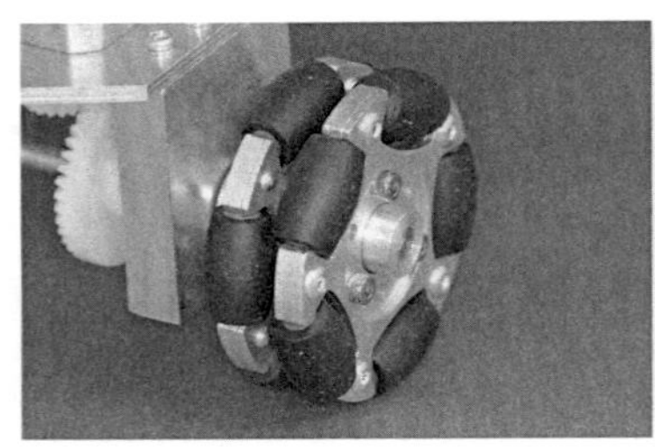
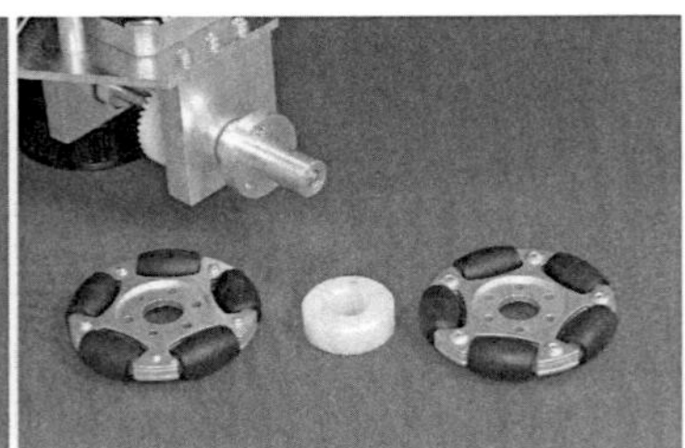

図4-02 オムニホイール（全体と分解）

4-1-2 ステッピングモーター

使用したステッピングモーターはMERCURY MOTORのSM-42BYG011-25（秋月電子、http://akizukidenshi.com/catalog/g/gP-05372/）で、サイズが42mm角、2相バイポーラ励磁方式で、1ステップあたり1.8度回転（200ステップで1回転）します。定格電源電圧は12Vで、停止状態で相電流は0.33A、停止状態でのトルクは0.23N・mです。

ステッピングモーターの仕組みについては付録2で説明しています。

4-1-3 ステッピングモータードライバ

ドライバとして選んだのはL6470というICです。これはかなり高機能なもので、SPI通信でコマンドを送ると、絶対位置制御や回転速度制御を行えます。加減速の制御やマイクロステップ動作、電流補償、過電流検出などの機能も備えています。3Aまで駆動できるので、今回の用途には十分な能力です。

製作例では、このICと必要な周辺部品を小さな基板にまとめたドライバモジュールを使っています（秋月電子、http://akizukidenshi.com/catalog/g/gK-07024/）。このICの構成と使い方、ソフトウェアについては付録3と4にまとめてあります。

オムニホイールやメカナムホイールは、回転方向を定める必要があります。この向きにより駆動方向が定まり、ベクトル計算を行うことができます。ホイールの駆動方向は、モーターの回転方向、ギヤの構成、ホイールの取付位置によって決まります。ドライバICに正転と指示しても、構成によっては意図した方向とは逆回転になってしまうこともあります。この解決策はいくつかあります。

ソフトウェアで解決

各ホイールの属性に、ホイールの回転制御を逆向きにするといった情報を含める、あるいは実際の回転方向に基づいて取付角度値を定めれば、ソフトウェアで処理することができます。

配線の変更

バイポーラステッピングモーターは、2組の巻線の片方の接続を逆にすれば、モーターが反対向きに回るようになります（図4-03）。結線がコネクタなどで固定的に決まる場合は線の入れ替えはむずかしいですが、今回のモジュールのように1本ずつ接続するものなら、このやり方で反転させることができます。本書の作例はこのやり方としました。つまり実際に回転させてみて、逆のものは配線を入れ替えるという形です。

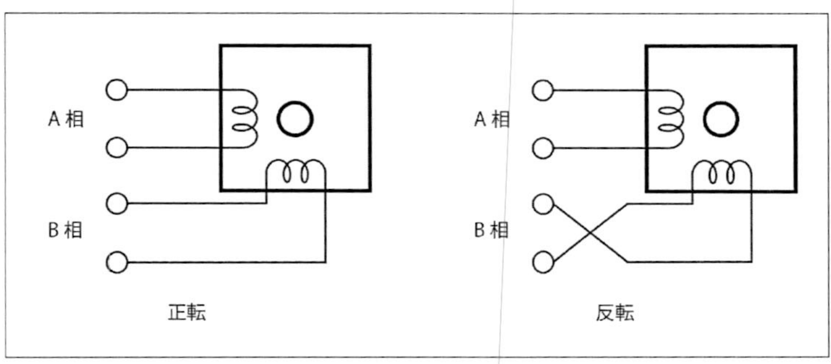

図4-03　ステッピングモーターの逆転

<コラム>　一般的なステッピングモータードライバIC

ステッピングモーターは、巻線構成がバイポーラ形のものとユニポーラ形のものがあります。これらはドライバ回路構成が異なるので、それぞれのタイプ用のドライバが各種提供されています。

図4-04　サンケンSLA7078MPRT

ドライバICには、ここで使ったL6470より単純な構成のものも多くあります。典型的なものは、ステップ信号を送るごとに一定の角度だけ回転するというものです。例えば図4-04に示したユニポーラ用のサンケンSLA7078MPRTは、方向信号とステップ信号を受け取り、ステップ信号のパルスごとに方向信号で示された方向に回転させます。このICもマイクロステップ制御や過電流の検出などを行えますが、加減速まで考慮したステップ信号の生成は、接続するマイコン側で行わなければなりません。

どのようなタイプを選ぶかは用途次第です。L6470のような高機能タイプは簡単に使えますが、これでは実現できないさらにきめ細かな制御を行いたいと思ったら、逆に単純なタイプを使い、制御ソフトのほうで対応することもあります。

4-1-4　マイコン

制御用のマイコンにはArduino UNOを使用します。

モーターを駆動するタイミングをマイコン側で制御する場合、マイクロ秒単位で複数のモーターのステップ信号を生成しなければならないため、タイマー割り込みを駆使して細かな制御を行うプログラムを作る必要があります。これにはそこそこの処理能力のマイコン（Arduino UNOのATmega328Pではちょっと苦しいかもしれません）が必要です。そして自分でタイマー処理のプログラムを作成しなければなりません。これはかなり大変な作業です。

今回使ったL6470は、コマンドを与えれば、チップの内部で加減速まで考慮した適切なタイミングのステップ信号を生成してくれるので、制御側のマイコンでは詳細なタイミング制御を考えずに済みます。そのためArduino UNO程度の能力でも、問題なく数個のモーターを制御できます。マイコンとドライバICは、SPIというシリアルインターフェイスで接続します。これについては付録3で説明しています。

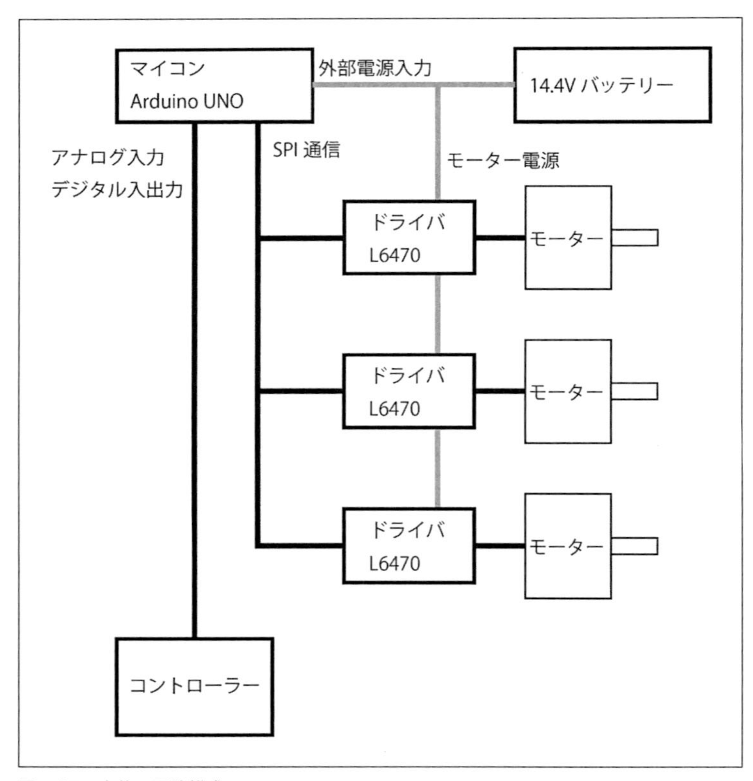

図4-05　全体の回路構成

車両の制御は、前の2輪駆動のフォークリフトと同様に、有線接続の手元のコントローラーで行います。

全体構成を図4-05（上掲）に示します。

4-2 駆動系

オムニホイールやモーターから構成される駆動系の構造について説明します。この解説は、同じものを作れるように意図したものではないので、詳細な寸法や加工方法などには触れません。

4-2-1 ベースプレート

車両の基礎部分となるベースプレートは、3mm厚のアルミ合金板です。

3個のオムニホイールは、ベースプレートに120度間隔で、中心から接地点の距離が120mmになる位置に取り付けました（図4-06）。

3輪式は路面に凹凸があっても常にすべてのホイールが接地するので、サスペンションは使用せず、ベースプレートの下側に軸受部品を直接固定します。

車輪を取り付けるハブによるオフセットがあるので、実際のベースプレートの大きさは、中心から車輪取付部の端までの長さを100mmとしました。全体の形は、正三角形の角を落とした不等辺六角形になっています。

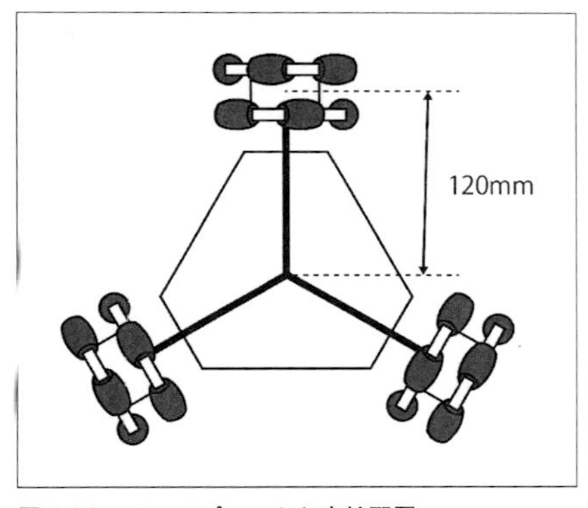

図4-06　ベースプレートと車輪配置

車両のベースプレート上面には3個のモーターを取り付け、その横にドライバモジュールを取り付けます（図4-07）。マイコンやバッテリーなどは、ベースプレートの上にもう1枚アルミ板を取り付け、その上に搭載します（図4-08、図4-09）。マイコンの上に重ねたシールド基板には、モードスイッチ類とドライバに接続するためのコネクタがあります。ベースプレートとマイコン／バッテリー用のアルミ板はスペーサーを介して取り付けます。

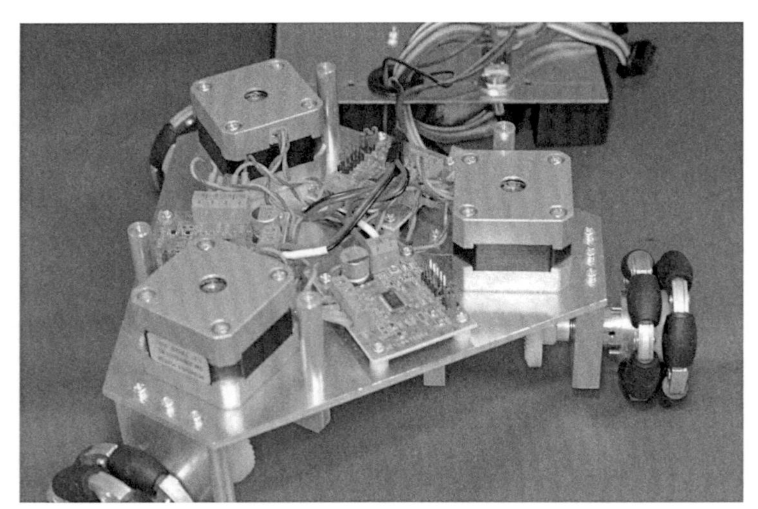

図4-07　ベースプレート

図4-08　マイコンとシールド基板

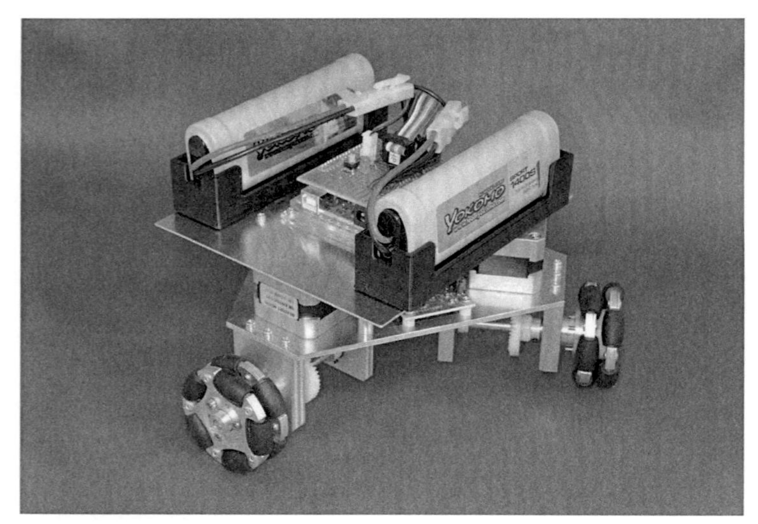

図4-09　全体の構成

4-2-2　オムニホイール

使用したオムニホイールは直径60mm、2段重ねのタイプです（図4-10）。中心には直径12mmの軸穴があり、2組を重ねて留めるための3本の長いネジを使ってハブ（軸にホイールを取り付ける部品）に取り付けます。ハブはアルミ材を旋盤で加工して自作しました。ハブは直径6mmの駆動軸に取り付けます。ハブの側面にネジ穴をあけ、イモネジで駆動軸に固定します。

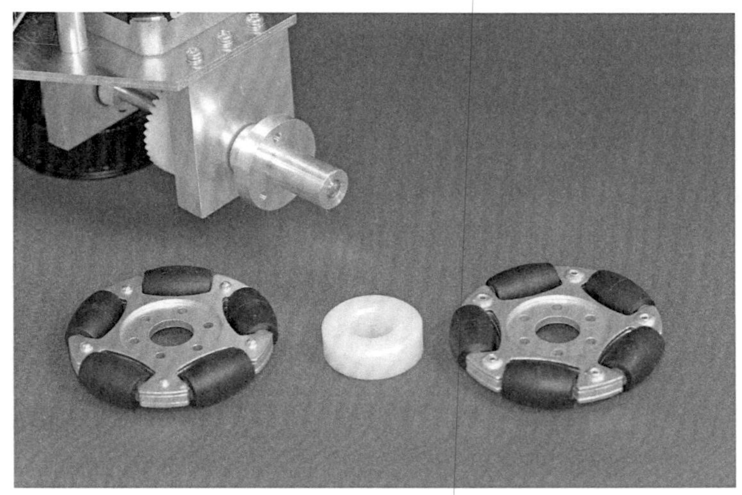

図4-10　オムニホイールとハブ、駆動軸

ここまでオムニホイールの挙動について、路面に点で接地しているものとして考えてきました。実際のホイールは2組重ねられた構造で、ローラーが接地しない状態がないようにしています。そのため外側ローラーと内側ローラーの2ヶ所の接地点があり、タイミングによってはそのどちらかのみが接地している場合があります。ここでは簡単に処理するために、2組の中間の位置を接地点として考えます。

4-2-3　減速ギヤ

十分にトルク（回転（ねじり）の強さ）のあるステッピングモーターなら、モーター軸に直接ホイールを取り付けることができます。しかし今回使った42mm角のモーターのサイズとホイールの60mmの直径を考えると、モーター軸にホイールを直接取り付けると、路面とモーターの間隔が狭くなります。そこでギヤを介してモーターをホイールより上方に配置することにしました。また駆動力を高めるために、1：2のギヤ比で減速します。

直径6mmのホイール駆動軸は、ボールベアリングを組み込んだ2個の軸受部品で支えます。これは10mm厚と8mm厚のアルミ板に穴あけ加工したものです。この軸受部品はベースプレートにネジで取り付けます。駆動軸には40歯のベベルギヤ（傘歯車）を取り付けます。モーターは軸が下を向くようにベースプレートに取り付け、軸に20歯のベベルギヤを取り付け、駆動軸のギヤと噛み合わせます。駆動軸には、位置がずれないように適当にカラーを取り付けます。

カラー、ギヤなどはすべてイモネジで軸に固定しています。ベアリングはフランジ付きというタイプなので、カラーやギヤと組み合わせることで、軸受部品からずれることはありません（図4-11、図4-12）。

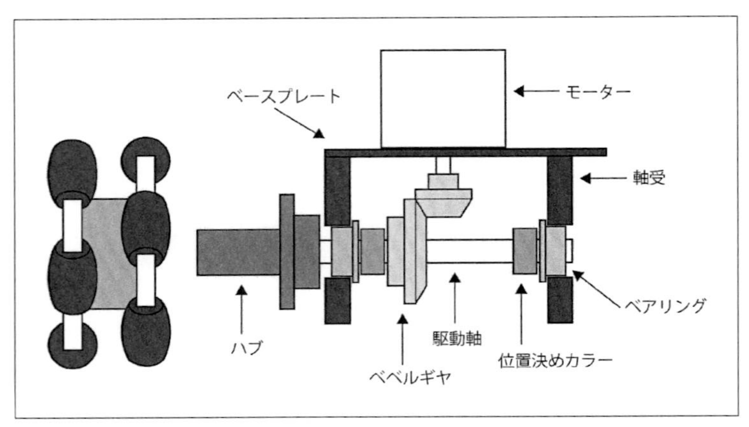

図4-11　ホイール駆動機構

図4-12　減速ギヤ

このモーター／減速ギヤ／ホイールのセットを3組用意し、ベースプレートに取り付けます。

4-3　リモート制御

この製作例は、2輪駆動制御のフォークリフトモデルと同様に、人間がコントローラーを操作し、車両の動きを制御します。

普通の自動車なら前後進とステアリングの制御、2輪駆動やキャタピラなら2個のモーターの速度制御というように直感的に考えられます。しかしオムニホイール車両のように走行の自由度が高いと、車両を操縦するためにどのような走行要素があるのか、そしてそれをどのような形で操作すればいいのかを考える必要があります。

4-3-1　操縦方法

一般的な車両は前後に直進走行し、それに左右の旋回を組み合わせます。しかしオムニホイールは、通常の車輪とはまったく異なる動きができます。そこでオムニホイール車両でしか実現できないような走行パターンにも対応させます。

オムニホイール車両は基本的に方向性のない構造であり、任意の方向に動くことができますが、ここでは人間が認識しやすいように、「車両の前と後ろ」を定義します。また前後が決まれば、左右も定めることができます。この製作例では、ある1輪を前と決め、座標などを定めています。

このオムニホイール車両は、以下の操作要素で制御します。

任意方向への直進

前後左右に倒せるジョイスティックを使い、スティックを倒した方向に、車体の向きを変えないまま直進させます。方向は、上側に倒すと前進、左で左横走行という形です（図4-13）。走行速度はレバーを倒す角度で制御します。

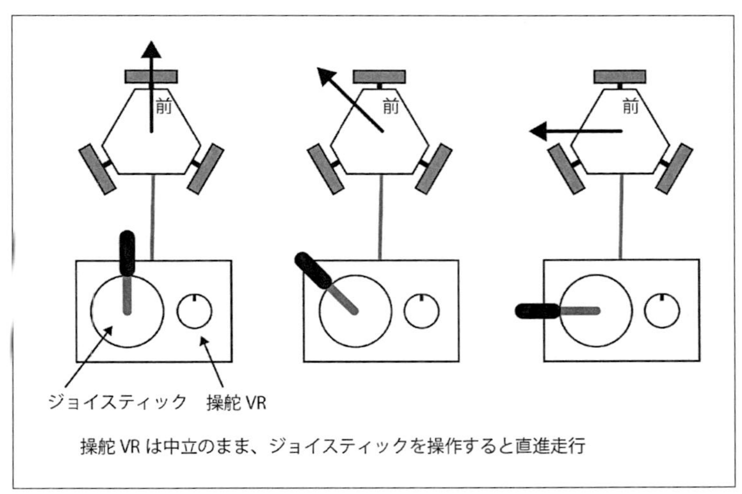

図4-13　任意の方向への直進

旋回

左右方向へのスライドVRか回転型VRで旋回を行います。これを操舵VRと呼びます。中央位置では直進で、その位置から左右への操作で左右への旋回走行となります。

直線走行中に操舵VRを操作すると、直進と旋回が合成されます。これにより走りながら徐々に向きを変えるという緩旋回走行が実現されます。これは自動車の旋回操作に近い動きになります。ただし自動車は前後方向への走行と旋回の組み合わせですが、オムニホイール車両の場合は、任意の方向への走行と旋回を組み合わせることができます。

緩旋回走行の旋回中心は、ジョイスティックで指定された直進方向に対し、車両基準点で直交する直線上に位置します。旋回中心が遠いほど緩旋回に、近ければ急旋回になるので、操舵VRを大きく動かすほど、旋回中心が車両の中心に近づくように制御します（図4-14）。

操舵量を大きくして旋回半径をどんどん小さくし、0にすると旋回中心が基準位置に重なります。この場合は車両は移動せず、その場で超信地旋回します。

スティックを倒した量は、直進走行では車両の基準点での走行速度を指示しますが、旋回走行の場合はこのやり方では問題が起きます。急旋回の場合に、外側の速度が高くなりすぎるのです。そのため旋回走行での速度については、基準点での速度ではなく、車両外周部での速度とします。詳しくはプログラム解説のところで説明します。

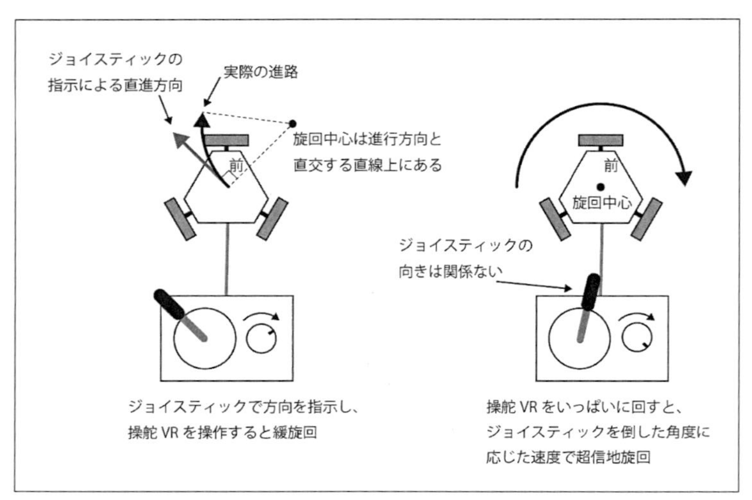

図4-14　超信地旋回と緩旋回

これら以外の応用的な動きも考えられますが、それをコントローラー上でどのように扱うかも考えなければなりません。ここでは欲張らず、基本的な直進、緩旋回、超信地旋回を実現します。

＜コラム＞　自動車との挙動の違い

直進走行と旋回の組み合わせによる緩旋回は、自動車などの旋回に近い動きですが、実は大きな違いがあります。自動車の操舵操作は車体の右か左への緩旋回ですが、オムニホイール車両の場合は進行方向の右か左への緩旋回になります。何が違うかというと、後ろに進んでいるときの曲がる向きが逆になるのです。

自動車では、右にハンドルを回してバックすると、右後ろに旋回していきます。しかしオムニホイール車両の場合、左後ろへの旋回になります。車体の向きで旋回方向が決まるのではなく、進行方向に対して決まるため、このようになります。またこのようにならないと、横や斜め方向への走行時の旋回と整合しません。

4-3-2　操作要素

任意の方向への直進走行は、前に触れたように2軸ジョイスティックで実現できます。旋回のための操舵操作は1自由度なので、回転式、あるいはスライドタイプの可変抵抗（VR）を使います（図4-15）。

2輪駆動フォークリフトでは2個のモーターの回転速度差の調整のためにトリムVRを使いましたが、今回はステッピングモーターを使っているので、モーターの速度のばらつきを考慮する必要はありません。しかしコントローラー側のVRの動作範囲や中央値の登録は必要なので、この調整用のスイッチや表示用のLEDは用意します。これはコントローラー側ではなく、マイコンの基板側に用意します。また将来的に操縦モードを拡張することに備えて、コントローラー側にスイッチ、LEDと予備のスライドVRも用意しました（オムニホイール車両では、ジョイスティックと操舵VRのみを使用します）。

図4-15　コントローラー

4-4　回路の構成

車両の回路構成を説明します。車両にはArduinoマイコン、モータードライバモジュール3セット、バッテリーを搭載し、有線コントローラーを接続します。

4-4-1　マイコン

マイコンには前に触れたようにArduino UNOを使います。オムニホイール車両の制御には三角関数の計算などが必要になるため、前に示した2輪駆動制御よりは処理能力が必要になります。実際に作ってみたところ、各ホイールごとに行う三角関数を含む浮動小数点計算処理を、16MHzのATmega328Pを搭載した標準的なArduino UNOで問題なくこなせることがわかりました。実際のプログラムでは、コントローラー情報の読み込みとモーターの制御という処理を、数十ミリ秒から100ミリ秒程度のサイクルで繰り返します。

他の回路との接続のために、図4-08のようにArduino基板に装着できる汎用シールド基板を使い、そこにドライバやコントローラーとの接続コネクタ、調整用スイッチやLEDなどを取り付けます。

4-4-2　L6470ドライバモジュール

ドライバモジュールは、マイコンとの接続用の10ピンコネクタ、モーター電源用の2ピンネジ留め端子、モーター接続用の4ピンネジ留め端子を備えています（図4-16）。10ピンの端子は10芯のフラットケーブルコネクタが使えるので、Arduinoのシールド基板とはフラットケーブルで接続します。モーターと電源の配線はビニル線を使いますが、ネジ留め端子に接続しやすいように、太めのスズメッキ線を端子代わりにハンダ付けしています。

図4-16　L6470ドライバモジュール

4-4-3　電源

ステッピングモーターの定格電圧は12Vなので、モーター回路の電源電圧はこれ以上であることが望まれます。また3個のモーターを同時に動かすので、相応の電流供給能力が必要です。今回は電動ラジコン模型用の7.2VのNi-Cd／Ni-MHバッテリー（図4-17）を2個直列で使用しました。このタイプのバッテリーは満充電時には8Vを超えるので、電源電圧は14Vないし17V程度になります。

マイコン回路にもこのバッテリーから電力を供給します。ArduinoにはDCジャックかVIN端子で外部直流電源を接続することができます（VIN端子とDCジャックの同時給電は禁止です）。推奨供給電圧は7Vから12Vですが、上限は20Vなので、モーター電源をそのままVINに接続します。電源電圧が高いと基板上のレギュレーターの発熱が増えますが、消費電流はさほど多くないので問題ないでしょう。

図4-17　7.2Vバッテリー

プログラムの作成やデバッグの際はArduinoとPCをUSBで接続しますが、この接続はArduinoの電源供給ラインでもあります。VINからの外部給電とUSB給電は共存できるので、外部給電のままUSBを接続しても問題は起きません。

L6470モジュールのロジック電源はArduinoの5V系に接続されているので、USB接続されている間は、バッテリー給電がOffであってもすべての制御系が動作します（もちろんモーターは動作しません）。

プログラミングなどの作業をモーター電源Offの状態で行い、実験の際にモーター電源をOnにすると、ドライバ側の状態が変わるので、電源投入後にArduinoを一度リセットしたほうがよいでしょう。

以上のマイコン、ドライバと電源との構成を図4-18に示します。

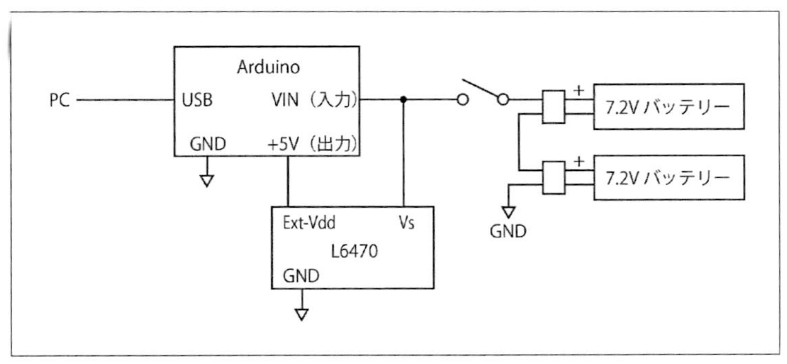

図4-18　電源構成

4-4-4　有線コントローラー

手元で操作するコントローラーには、X-Yの2軸入力ができるジョイスティックを1組、1軸のVRを1組備えます。VRはスライド式でも回転式でもかまいませんが、ここでは回転式を使用しました。ジョイスティックは走行方向の指定に使うので方向スティックあるいは単にスティック、VRは操舵に使うので、操舵VRと呼びます。

ジョイスティックと操舵VRについては2輪駆動のフォークリフトと同様に、可変抵抗値の変化範囲、中央値をEEPROMに登録するようにし、そのためのスイッチとLEDをマイコン側のシールド基板上に用意します。

＜コラム＞　コントローラーの使い勝手

製作例では操舵VRを普通の回転式VRを使っていますが、実際に操縦してみると使いやすいものではありません。緩旋回の微調整は容易ですが、大きく動かす際はちょっと扱いにくいです。またスプリングで中央に戻ったほうが使いやすいでしょう。ラジコン送信機の操舵機能は、ハンドルのような回転式でもスティック式でも、比較的動作範囲が狭く、スプリングで中央に戻るようになっています。

もし自分で作るのであれば、直進制御用のジョイスティックと同じ部品をもう1個用意し、その左右方向の動きを操舵に割り当てるのがよいかもしれません。

4-4-5　実際の回路

ドライバモジュールはArduinoライブラリでサポートされるSPI通信で接続し、その他の部品はデジタルポート、アナログポートで接続します。Arduinoのピンの割り当てを表4-01に示します。

表4-01　ポートの割り当て

デジタルポート	
D0	PCとの通信ポート
D1	PCとの通信ポート
D2	前輪用ドライバの~CS（出力）
D3	左後輪用ドライバの~CS（出力）
D4	（未使用）
D5	（未使用）
D6	（未使用）
D7	（未使用）
D8	モードSW（入力）
D9	モードLED（出力）
D10	SPI（SS、右後輪用ドライバの~CS）
D11	SPI（MOSI）
D12	SPI（MISO）
D13	SPI（SCK、オンボードLEDは使用できない）
アナログ入力ポート	
A0	ジョイスティック左右
A1	ジョイスティック前後
A2	操舵VR
A3	（未使用）
A4	（未使用）
A5	（未使用）

スイッチや電源まで含めた回路を図4-19に示します。

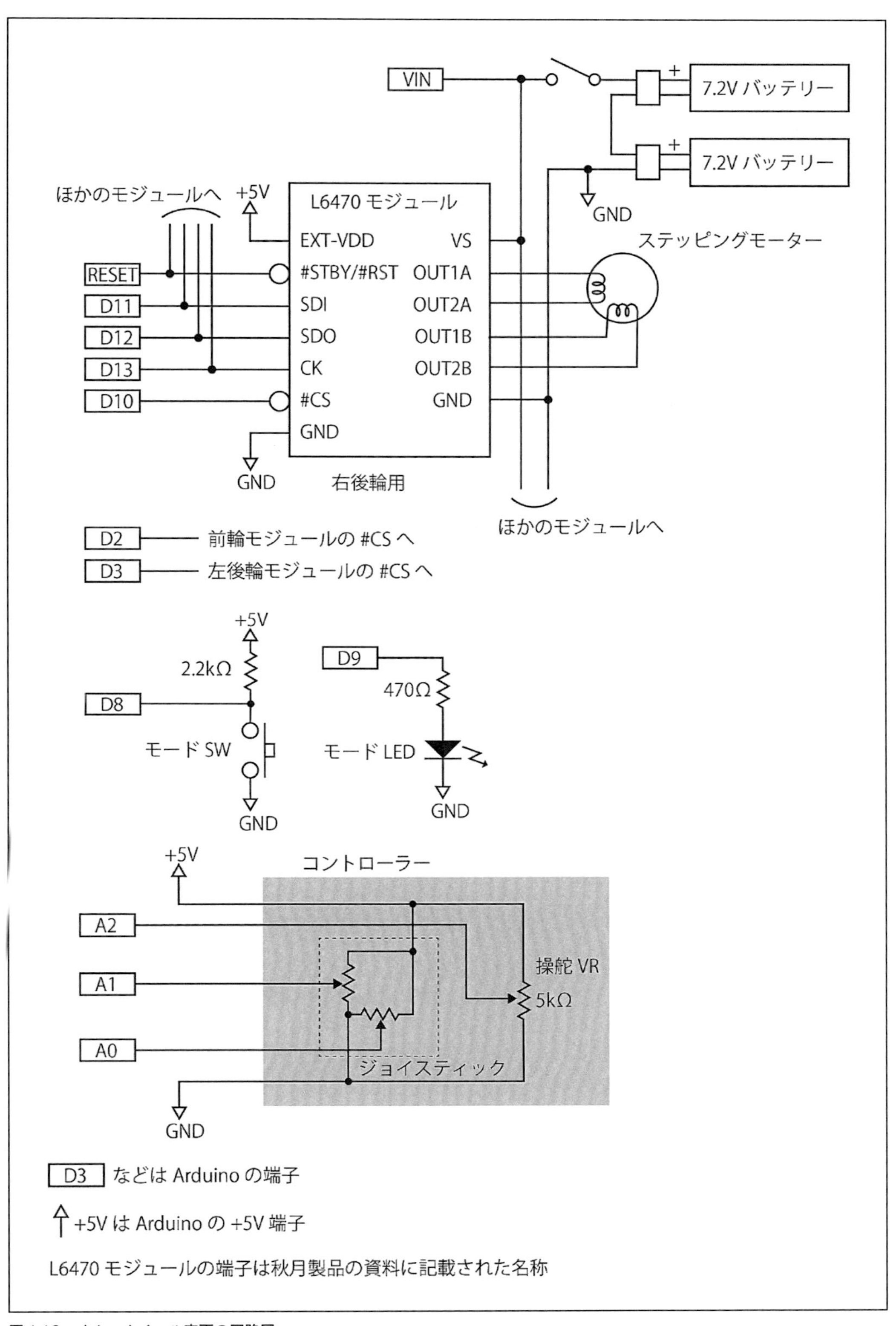

図 4-19　オムニホイール車両の回路図

4-5　制御プログラム

前節で示したリモート制御を実現するためのプログラムについて考えてみましょう。制御プログラムはいくつかの要素から構成されます。ユーザーの操作を受け取る部分、その指示に基づいて車両走行の移動ベクトルを計算する部分、そして移動ベクトルから駆動ベクトルを計算し、実際にモーターを制御する部分などです。

このプログラム、そしてメカナムホイール車両のプログラムとも、L6470ドライバ用のコードと、車両の制御のコードの2つのソースから構成されています。L6470用のコードはどちらも同じもので、車両制御プログラムが異なっています。L6470用のコードは付録4で説明するので、ここでは車両側について解説します。

4-5-1　プログラムの構成

Arduinoの初期化関数`init`では、各種の初期化を行います。そして実行ループ`loop`ではスイッチの処理、コントローラーの状態の読み込み、それに応じた走行モードの判定と移動ベクトルの算出、各ホイールの駆動制御を行います。

`loop`関数は繰り返し呼び出されるので、これらの一連の処理が毎秒10回以上行われます。これによりコントローラーの操作に応じて即座にホイールの回転が制御され、自由に走行させることができます。

プログラムは以下の要素から構成されています。具体的にどのような処理を行っているかは、ソースコードのコメントも参照してください。

4-5-2　初期化——init

最初に1回だけ呼び出される`init`関数では、SPIインターフェイス、入出力ポート、グローバル変数、デバッグ用のシリアル通信、モーター制御パラメータなどの初期化を行います。SPI通信関連、ドライバモジュールの初期化などの実際の処理はL6470モジュールも関与しています。

最後にジョイスティック類のキャリブレーションデータを読み込みます。チェックサムによりデータが正当でないと判断されると、キャリブレーションを開始します。操舵VRが増えたため項目数は増えていますが、処理内容はフォークリフトの例とほぼ同じです。

またスイッチを押したままリセットすると、EEPROMを初期状態（すべて0xff）にする点も同じです。

4-5-3　実行ループ——loop

Arduinoはリセットされると、前述の初期化関数`init`を一度呼び出し、以後、`loop`関数を繰り返し呼び出します。`loop`関数ではキャリブレーション／走行／停止を行うモードスイッチのチェックと処理（`chkSw`関数）、コントローラーの情報の取得（`getCtrl`関数）、移動ベクトルの計算（`calcVec`関数）、モーター制御の処理（`drive`関数）を順に呼び出します。

4-5-4　モードスイッチの処理――chkSw()

モードスイッチを短時間（1秒未満）押すと、車両の走行／停止を切り替えることができます。LED点灯中は走行可で、コントローラーの操作によって走行します。モードスイッチで停止状態になったときはモーターをOffにします。HiZ状態なのでホイールは自由に回ります。

スイッチを長押しすると車両は停止状態になり、ジョイスティックと操舵VRのキャリブレーションを開始します。使用するVRにはばらつきがあるので、フォークリフトのときと同じように得られる数値範囲を調べ、ArduinoのEEPROMに保存します。動作範囲（最小値と最大値）に加えて、中立位置（キャリブレーション終了時の値）も調べます。ジョイスティックは指を離すと中立位置に戻りますが、操舵VRにはそのような機能はないので、ツマミの目印などで中立位置を識別する必要があります。

そしてスイッチ長押しでこれらのデータをEEPROMに書き込みます。書き込み後、車両は停止状態のままです。

4-5-5　コントローラーの読み込み――getCtrl()

ジョイスティックの前後左右、操舵VRの状態はアナログポートで読み込み、AD変換して0から1023の範囲の数値情報を取得します。この値はキャリブレーションデータに基づいて、一定の範囲の実数値に正規化（変換）します（normVR関数）。前後と左右が－1から＋1（前と左が正）で、操舵も－1から＋1（左が正）の値となります。

操舵の値は変数steerに代入されます。

ジョイスティックについては、スティックの前後左右の情報から進行方向の角度と速度を算出し、車両の移動ベクトルvecMoveとします。これは角度がスティックを倒した方向で、大きさが倒した量になっています。角度は車両前を0度とし、反時計回りが正です（実際の角度値はラジアンで扱われます）。速度は前後左右が±1なので、斜め45度の場合、最大で1.4になります。

車両の移動ベクトルは、基本的には車両の基準位置（中心点）での移動ベクトルですが、状況に応じて補正されます。

コントローラー情報を示す変数

vecMove	ジョイスティックが示す方向と大きさ
vecMove.mag	ベクトルの大きさ（0から1.4）、車両の走行速度
vecMove.ang	ベクトルの角度（ラジアンで－πから＋π）、前進方向が0
steer	操舵VRの操作量（－1から1）

角度はジョイスティックの前後成分と左右成分から求められます。これらの成分は直交座標の値となりますが、これをatan2関数を使って原点からの角度に変換します。

ベクトルの大きさ、つまり速度は、x成分とy成分を2辺とする直角三角形の斜辺の長さですから、$x^2 + y^2$の平方根で得られます。

数値が0に近いときは角度などの誤差が大きくなることがあるので、さまざまなパラメータが0に近いときは0に丸めるようにしています。

```
// 移動ベクトル（frは前後、lrは左右の値）
vecMove.mag = sqrt(fr * fr + lr * lr);
if (vecMove.mag > 0.05) {
  vecMove.angl = atan2(lr, fr);
} else {
  vecMove.mag = 0;
  vecMove.angl = 0;
}
```

車両の速度は、このベクトルvecMoveの大きさ（magメンバ）で表し、値が1.0のときにモーターの最高速度とします。vecMoveの大きさは前後左右の各成分値が最大1.0なので、斜め方向の場合1.0を超え、最大1.4程度になります。ホイールの実際の速度が上限値を超えてしまう場合は、上限以下に抑えるように補正します。

4-5-6　ホイールの移動ベクトルの算出——calcVec

移動ベクトルを算出するには、各ホイールの位置、正転方向の取付角度を定義しておく必要があります。この製作例では、ホイール位置は前に触れたように中心から120度間隔、距離は120mmです。各ホイールの角度は、反時計回りの超信地旋回の駆動方向としています。これらの値はプログラム中のWHEEL_ATTR構造体に定数として組み込まれています。

```
//  車輪の位置属性
typedef struct {
  int cs;       // SPI用チップセレクトポート
  float x;      // ホイールの位置
  float y;
  float angl; // ホイール進行角度（正転時）
} WHEEL_ATTR;

const WHEEL_ATTR wheelAttr[WHEEL_NUM] = {
  { 2, 120.0,    0.0, PI / 2},        // 前輪、90°
  { 3, -60.0,  103.9, PI * 7 / 6},    // 左後輪、210°
  {10, -60.0, -103.9, PI * 11 / 6}    // 右後輪、330°
};
```

コントローラーから得られた車両の移動ベクトルvecMoveと操舵値steerに基づいてホイールを駆動し、車両を走行させるために、まず個々のホイール位置での移動ベクトルを求めます。

この計算は直進走行、超信地旋回、緩旋回で異なるので、まずその判定を行います。

操舵VRが直進状態でジョイスティックが動かされていれば直進走行です。このとき、操舵VRの中央付近の一定範囲を直進と判定しています。これは自動車のハンドルの遊びのようなものです。操舵VRとジョイスティックがともに操作されている場合は、旋回の処理を行います。この判定処理を以下に示します。中立位置やいっぱいの位置に多少のマージンを取っています。

```
// 動作の場合分け
if (vecMove.mag >  0.05) { // スティック操作あり
  if (abs(steer) < 0.05) { // 操舵操作なし
    // 直進（すべてのホイールの移動ベクトルは等しい）
  } else if (abs(steer) < 0.95) {  // 操舵操作あり、緩旋回
    // 緩旋回（旋回中心を決め、各ホイールの移動ベクトルを個別に計算）
  } else {  // 操舵VRがいっぱいに回された
    // 超信地旋回
  }
} else {  // 操作なし
  // 停止
}
```

それぞれの走行モードでの処理は以下のようになります。基準点の移動ベクトル`vecMove`とは別に、各ホイールごとの移動ベクトル配列`vecWheel[]`を用意し、それぞれを計算します。そして`calcVec`関数の次に呼び出す`drive`関数により各ホイールについて移動ベクトルから駆動ベクトルの大きさ、つまりモーターの速度を算出し、モーターを駆動します。

直進走行

各ホイールの移動ベクトルは車両の移動ベクトルと同じなので、個々のホイール用のベクトル変数配列（`vecWheel[]`）に値をコピーします。

緩旋回走行

旋回スティックを倒し、操舵VRも操作すると、車両は旋回します。このとき、操舵VRをいっぱいに回すと次に説明する超信地旋回となり、それより少ない操作量だと緩旋回となります。緩旋回走行の動きは、基準点を通り、スティックの方向に対して直交する直線上に旋回中心があり、その点を中心に、操舵VRで示す方向に曲がる形になります。

以後、旋回半径や座標の数値を計算しますが、これらの値はすべてミリメートル単位で、実際に製作した車両の数値を使っています。

緩旋回走行では、まず操舵VRに基づいて旋回半径を決めます。操舵VRの中立位置では半径は無限遠となり、直進走行になります。製作例では、`steer`値を以下の式で計算し、旋回半径`turnR`としています。計算式を変えることで、車両の旋回のクセを変えることができます。

```
turnR = WHEEL_DIST / tan(steer * PI / 2);
```

ここでは中立（直進）を0度、いっぱい（超信地旋回）を90度（π/2）とし、その間を緩旋回の範囲とします。この角度の正接（tan）値でWHEEL_DIST値を割った値を旋回半径としています。WHEEL_DISTは中心からホイール接地点までの距離です。

この計算は、自動車のように向きの変わる前輪と固定された後輪というモデルを考え、前輪の切れ角とホイールベース（WHEEL_DIST）から、基準位置にある後輪の旋回半径を導きます。このモデルでは、切れ角0度では中心が無限遠となるので直進走行、90度で基準位置に重なり超信地旋回となるので、他の走行モードと不整合が生じません。この関係を図4-20に示します。

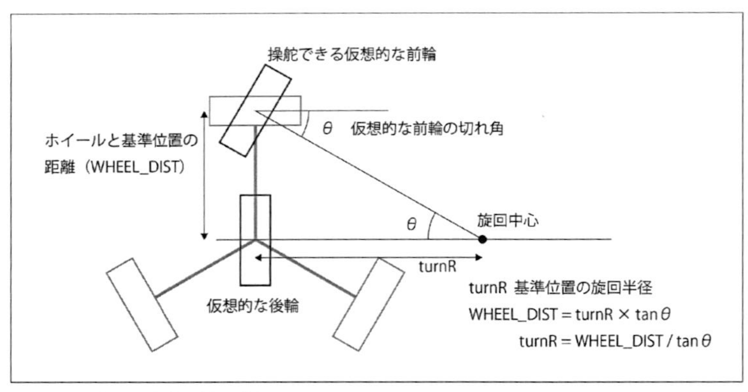

図4-20　車輪の角度と旋回半径

オムニホイールはホイールの向きは変わりませんが、この計算により、自動車のハンドル操作と同じように旋回半径が変化します。なおこの半径値turnRは、左旋回で正数、右旋回で負数になります。

ジョイスティックの傾き、つまりvecMove.magは車両の速度を示します。直進の場合はそのまま速度として計算してよいのですが、前に少し触れたように旋回走行では多少の考慮が必要です。基準位置の速度として考えると、旋回半径が小さくなったときに現実的ではないからです。例えば旋回半径10mmで秒速100mmだったら、秒速1.5回転で車両がコマのように回ることになります。そこで旋回半径が小さくなるにつれて、ジョイスティックの指示に対して基準位置での走行速度が小さくなるように調整します。具体的にはジョイスティックによる速度指示が、車両外縁部での速度となるように補正しています。

以下の式で、旋回半径turnRが小さくなると基準位置での速度（turnSpd）が小さくなり、そして旋回半径が0になると速度も0になります。つまり半径が0で超信地旋回になるという動作とうまく整合します。絶対値を求めているのは、右旋回の際にturnRが負数になるためです（図4-21）。

```
turnSpd = abs(turnR) / (abs(turnR) + WHEEL_DIST) * vecMove.mag;
```

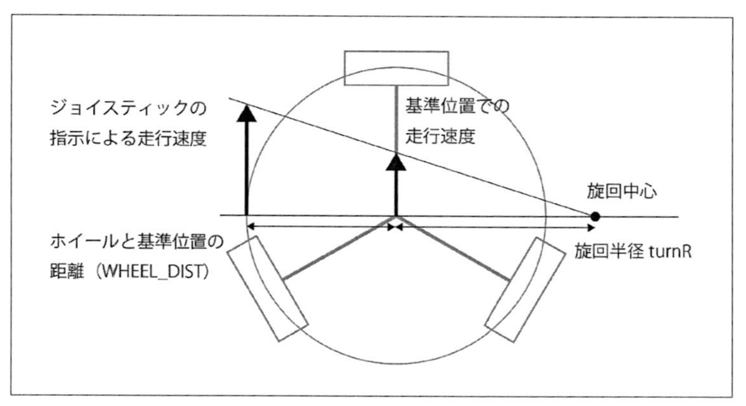

図4-21　外周部と基準位置の速度

次に旋回中心を求めます。図4-14に示したように、基準位置を通り、移動ベクトルvecMoveと直交する直線上に旋回中心座標（cx, cy）を設定します。最大の急旋回である超信地旋回では、中心が基準位置に重なりますが、これは操舵VRの値に応じて緩旋回と超信地旋回とを場合分けして対応しています。以下の説明は緩旋回の処理です。

```
// 旋回中心の座標を求める
cAngl = vecMove.angl + PI / 2;  // 旋回中心が位置する直線の角度
cx = turnR * cos(cAngl);        // turnRは旋回半径
cy = turnR * sin(cAngl);
```

左右の旋回でturnRの正負が変わることで、上記の計算で中心座標が正しく得られます。

この中心座標と各ホイールの座標から、ホイールごとの旋回半径、移動ベクトルの方向と大きさ（旋回半径に比例）を算出します。各ホイールの移動ベクトルの角度は、接地位置と旋回中心を結ぶ半径の直線に対して直角方向になります。これは半径の直線の角度を求めることで算出できます。直角方向には2通りありますが、ここでは反時計回りに90度加える方向としています。これはホイール取付角度と正転方向を反時計回りで定義しているからです。ホイールの駆動方向は旋回方向によって変わりますが、これは各変数の正負や三角関数の結果の符号でうまく整合します。

ホイール位置での移動速度は、その接地位置の旋回半径と基準位置の旋回半径の比率を求め、その値と基準位置での速度を掛けて求めます。これにより旋回半径の異なる各ホイールに速度差が生じて、車両が滑らかに旋回します。

```
for (i = 0; i < WHEEL_NUM; i++) {
  // 旋回中心とホイール位置の距離（XY座標）
```

```
    vx = wheelAttr[i].x - cx;
    vy = wheelAttr[i].y - cy;
    if ((abs(vx) < 5) && (abs(vy) < 5)) {    // 旋回中心とホイール位置が近い
      // 旋回中心とホイール位置がほぼ重なっているのでゼロベクトルにする
      vecWheel[i].val = vecWheel[i].angl = 0;
    } else {
      // 旋回中心から見たホイール位置の角度
      vAngl = atan2(vy, vx);
      // ホイール位置での移動ベクトルの向き（接線方向なので90度を加える）
      vecWheel[i].angl = vAngl + PI / 2;
      // 旋回半径の差による速度の増減（基準位置速度に対する比率を計算）
      spdFact = sqrt(vx * vx + vy * vy) / turnR;
      // ホイール位置での移動速度
      vecWheel[i].mag = turnSpd * spdFact;
    }
  }
```

超信地旋回

操舵VRをいっぱいに回したときは、車両は移動せず、超信地旋回を行います。スティックの倒した角度が旋回速度を示します（方向は関係ありません）。各ホイールの移動ベクトルは基準位置とホイール接地位置の距離を旋回半径とし、それに対して直角方向のベクトルとなります。つまりホイール取付角度と同じです。この製作例ではホイールは基準位置から等距離にあるので、超信地旋回はすべてのホイールを同じ速度で回転させるだけで済みます。ただし左旋回と右旋回で回転方向が逆になるので、ベクトルの方向を180度変えています。

移動ベクトルの大きさはスティックの傾き量vecMove.magです。

```
// ホイール速度はジョイスティックによる速度
if (steer < 0) {  // 右旋回
  for (i = 0; i < WHEEL_NUM; i++) { // 移動ベクトルの角度を逆向きに
    vecWheel[i].angl = wheelAttr[i].angl + PI;
    vecWheel[i].mag = vecMove.mag;
  }
} else {
  for (i = 0; i < WHEEL_NUM; i++) { // 移動ベクトルの角度は取付角度と同じ
    vecWheel[i].angl = wheelAttr[i].angl;
    vecWheel[i].mag = vecMove.mag;
  }
}
```

停止

停止状態では、移動ベクトルをゼロにします。

```
for (i = 0; i < WHEEL_NUM; i++) {
  vecWheel[i].angl = 0;
  vecWheel[i].mag = 0;
}
```

上記の制御方法では、直進、緩旋回、超信地旋回を場合分けして別の処理としています。しかし実際の操縦では、操舵VRを回していくと直進から緩旋回、そしていっぱいまで回すと超信地旋回になります。このとき、直進から緩旋回への移行は、半径が十分に大きく、基準点の移動速度が徐々に小さくなるので、走行は滑らかにつながります。

緩旋回から超信地旋回への移行はどうなるでしょうか。この切り替えがうまくつながらないと、急旋回から超信地旋回への移行がぎくしゃくしてしまいます。ここで説明したアルゴリズムでは、旋回半径が小さくなっていくと、ホイールの駆動速度が超信地旋回のときの駆動速度に近づいていくので、走行モードが滑らかに切り替わります。スティックの傾き量vecMove.magによる速度指定は、緩旋回時には車両外縁部の速度です。超信地旋回ではvecMove.magをそのままホイールの速度にしています。超信地旋回の場合はホイールの速度と外縁部の速度は等しくなるので、緩旋回と超信地旋回で、速度は滑らかにつながるのです。

＜コラム＞　超信地旋回の操作

この操作系では、車両はジョイスティックを操作したときにのみ走行し、操舵VRで緩旋回から超信地旋回まで行います。実は最初、これとは違う操作系で作りました。スティック中立で操舵VRを動かすと超信地旋回し、スティックを操作している場合は、いっぱいに操舵VRを回しても超信地旋回には至らないというものでした。ジョイスティックと操舵VRの操作がうまく切り分けられていて、論理的にはきれいな操作系です。

しかし実際に動かしてみると、この操作系は大きな問題がありました。緩旋回走行状態からスティックを中立に戻して停止すると、超信地旋回が始まってしまうのです。つまり止めるときは必ず操舵VRを中立にしなければいけません。これは人間が操作するにはあまりに使いにくく、そのため本文で示すような形にしました。

操舵VRがスプリングで中立位置に戻るタイプなら、このやり方もありかもしれません。

4-5-7　モーターを駆動

calcVec関数の後に呼び出されるdrive関数は、算出された各ホイールの移動ベクトル（vecWheel[]）から実際のホイールの速度を算出します。まずホイールの取付角度と移動ベクトルの向きから角度差を求め、その角度のcos値でホイール駆動速度を求めます。

コントローラーで指定された速度値は±1.4の範囲で、速度値1でホイールの最高速度MAX_SPEEDとします。斜め走行のときなど、移動ベクトル計算により求められる速度が最高速度を超える場合がありますが、必要に応じて適当にスケール変換し、L6470に指示する速度値を得ます（L6470の速度指定については付録3を参照してください）。計算で得られたホイール速度が最高速度を超えるかどうかを調べるために、3個のホイールについて、速度の絶対値の最大値を求めます。もし最高速度を超えるものがあれば、一番速いホイールが最高速度に収まるように、すべてのホイールを一定の比率で減速します。

そして算出した速度でホイールを駆動します。

```
// ホイール属性から各ホイールの駆動速度を算出
maxSpd = -1;  // 最大速度の絶対値を記録
for (i = 0; i < WHEEL_NUM; i++) {
  if (vecWheel[i].mag == 0) { // 駆動せず
    wheelSpeed[i] = 0;
  } else {  // 移動ベクトルから駆動速度を求める
    // 移動ベクトルとホイールのなす角度を算出
    angl = wheelAttr[i].angl - vecWheel[i].angl;
    // ホイール進行方向の速度を算出
    wheelSpeed[i] = MAX_SPEED * cos(angl) * vecWheel[i].mag;
  }
  // 一番速い駆動値を調べる
  if (abs(wheelSpeed[i]) > maxSpd) {
    maxSpd = abs(wheelSpeed[i]);
  }
}

// 駆動速度が上限値を超えたときの処理
if (maxSpd > MAX_SPEED) {
  // 最大速度を超えるホイールがあるので、減速の係数を求める
  spdFact = (float)MAX_SPEED / maxSpd;
  // 速度を調整
  for (i = 0; i < WHEEL_NUM; i++) {
    wheelSpeed[i] *= spdFact;
  }
}

// モーターを駆動
for (i = 0; i < WHEEL_NUM; i++) {
  setSpeed(wheelAttr[i].cs, wheelSpeed[i]);
}
```

<コラム> 行列の使用

このような座標やベクトルを使った計算処理は、行列計算を使うとすっきりとまとめられる場合があります。本書の製作例のプログラムは、制御と動きを理解することに主眼をおいているので、人間が考えた動きをそのまま場合分けして個別に計算しています。しかしうまく式や処理内容を整理すれば、すっきりと行列計算にできるかもしれません。

4-5-8 モーターの制御

モーターはSPI通信でドライバのL6470にコマンドを送って制御します。また最初にL6470の各種の初期化などが必要です。

この製作例では、ArduinoのSPI通信の初期化、L6470の初期化処理で、モーター制御のための各種パラメータを設定しています。そして走行時には、モーターの速度指定、停止などのコマンドを送ります。

これらの処理を行うための関数などは、L6470.inoとL6470.hというファイルにまとめてあります。L6470の使い方、使用するための各種関数類については、付録にまとめてあるので、そちらを参照してください。ここでは、モーターの制御パラメータについて説明します。

付録3で説明していますが、L6470はモーターの駆動に際していくつかのパラメータを使用します。特に重要なのがKvalで、モーター電源電圧に対して実効出力電圧の割合を決めます。0から255の範囲で、0で無出力、255で最大電圧となります。これを停止、加速、減速、定常回転の各状態について規定します。

もう1つ重要なのが逆起電力（BEMF）補償です。モーターは発電機でもあるので、回転速度が上がると内部で逆起電力が発生し、それにより流れる電流が低下します。これに伴い出力トルクが低下してしまうため、モーターの力が弱くなってしまいます。これを補正するために、回転数の上昇とともに電圧を高めることができます。

今回の製作例では、電源電圧とモーター定格電圧が近いので、停止時以外は実効出力の比率を100％とし、高速回転時の逆起電力補償パラメータをデフォルト値の2倍にしています。

```
// 出力電流係数
// 停止時のみ50％
writeReg1(wheelAttr[i].cs, L6470REG_KVAL_HOLD, 128);
// 回転時は100％
writeReg1(wheelAttr[i].cs, L6470REG_KVAL_RUN, 255);
writeReg1(wheelAttr[i].cs, L6470REG_KVAL_ACC, 255);
writeReg1(wheelAttr[i].cs, L6470REG_KVAL_DEC, 255);
// BEMF（逆起電力）補正
// 高速時の補正をデフォルト（41）の倍に
writeReg1(wheelAttr[i].cs, L6470REG_FN_SLP_ACC, 82);
```

```
writeReg1(wheelAttr[i].cs, L6470REG_FN_SLP_DEC, 82);
```

第5章　メカナムホイールの仕組みと制御

メカナムホイールは、第3章で解説したオムニホイールの親戚筋にあたるものです。ホイールの踏面にローラーが組み込まれているという点はオムニホイールと同じです。しかしオムニホイールのローラーの転がる方向がホイール進行方向と90度の角度であるのに対し、メカナムホイールのローラーは45度の角度で組み込まれています（図5-01）。この違いによりメカナムホイールの挙動は、オムニホイールとかなり変わってきます。

本章ではメカナムホイールがオムニホイールと何が違い、そしてどのように制御するかを見ていきます。

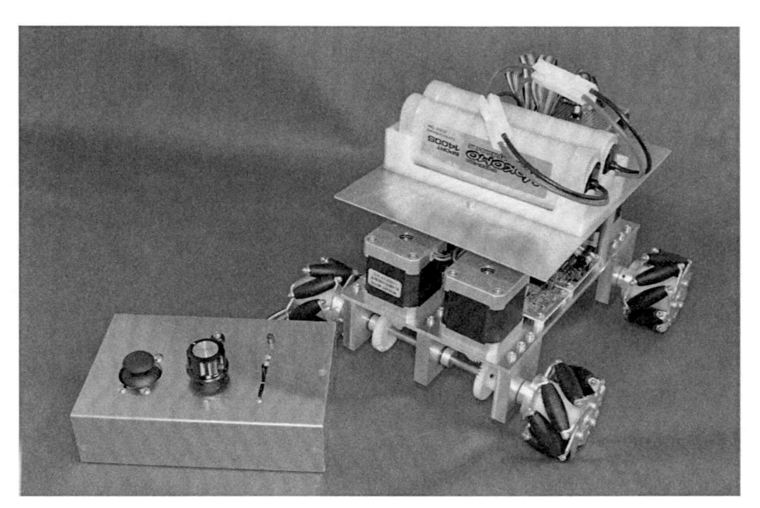

図5-01　メカナムホイール車両

5-1　メカナムホイールとは

メカナムホイールはオムニホイールと同じように、モーターなどでホイール全体を回転させます。最初に書いた通り、踏面に取り付けられたローラーの角度は45度で、ローラーには能動的な駆動力や制動力はなく、成り行きで転がります。

まずはメカナムホイールの構造と、基本的な動きを紹介します。

5-1-1　メカナムホイールの構造

メカナムホイールを図5-02に示します。

ローラーを斜めに取り付けるために、ホイールの裏側と表側のプレートの間に斜めにローラー軸を固定しています。ホイールを真横から見たときに円形になるように、ローラーは細長い樽

図5-02　メカナムホイール

形です。ローラーが斜めに配置されるので、真横から見たとき、あるローラーはその隣のローラーと多少の重なりがあります。そのためオムニホイールのように2セットをずらして重ねなくても、メカナムホイールはどんな角度であっても、いずれかのローラーが接地するようになっています。

メカナムホイールのローラーは45度の角度で取り付けられているので、ホイールは斜めに転がることができます。基本的な動きは次の2つで、走行時にはこの2通りの動きが組み合わされます（図5-03）。

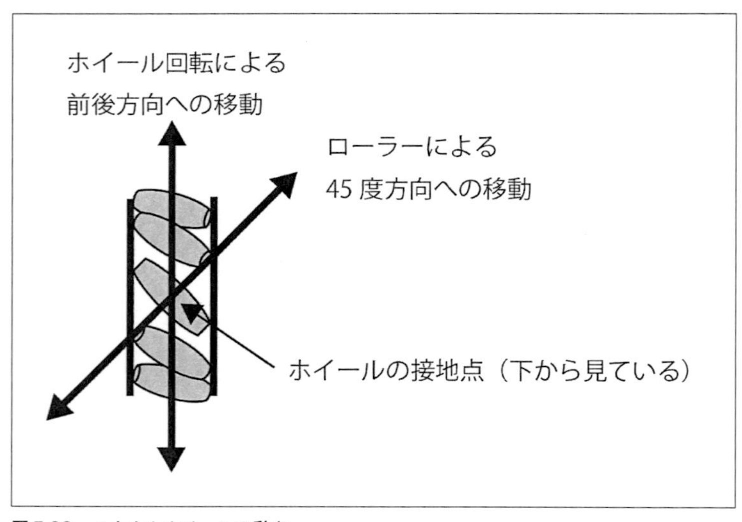

図5-03　メカナムホイールの動き

ホイール回転方向への移動

ローラーが転がらない場合は、普通の車輪と同じように、ホイールの回転によりホイールの回転方向（軸と直交方向）に動きます。

ホイールの45度方向への移動

ホイールが止まっている場合でも、ローラーの転がりによって移動できます。取付角度が45度なので、ホイールの進行方向に対して45度の方向への移動となります。

この2種類の動きの組み合わせの典型例が、真横への移動です。ホイールが回転し、なおかつホイールが進行方向に動かない場合は、斜めのローラーが転がることで、ホイールが真横方向に移動します（図5-04）。

オムニホイールの真横への移動は、ホイールを駆動せずにローラーの転がりだけでしたが、メカナムホイールの場合はホイールの回転が伴います。

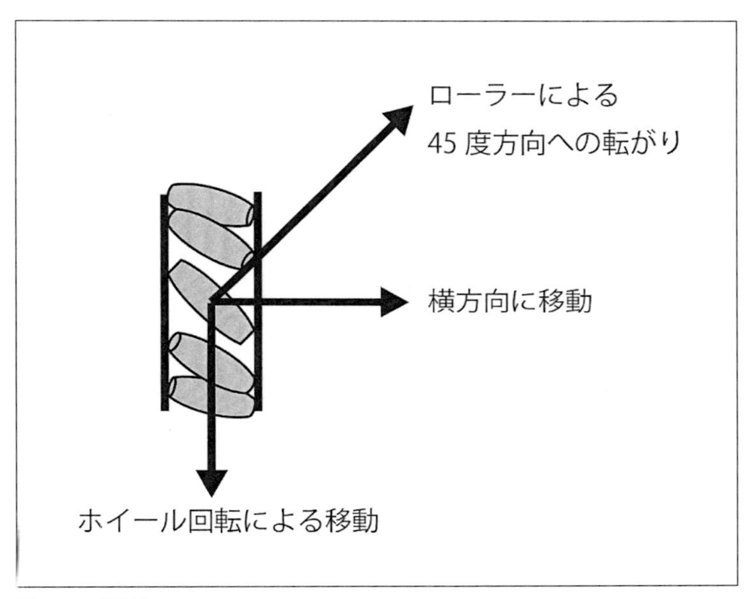

図5-04　横移動

メカナムホイールのローラーは斜めなので、2種類の異なる組み立て方があります。図5-05に示すように、ローラーの傾きの違いです。この違いは重要で、メカナムホイールで自由な走行を実現するためには、傾きの異なるホイールを適切に組み合わせる必要があります。

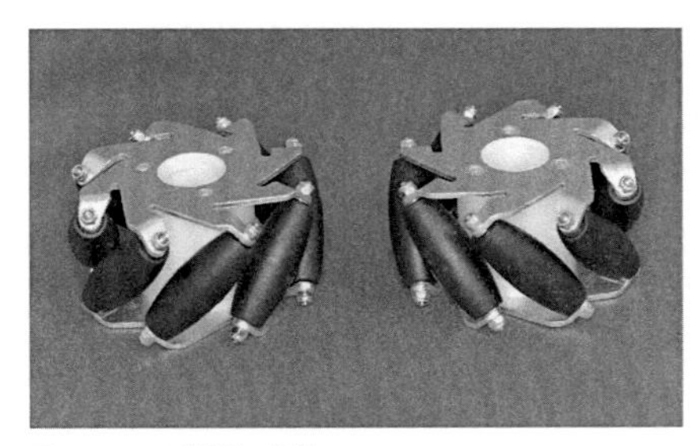

図5-05　2種類の傾き

5-1-2　メカナムホイールの使用

メカナムホイールはオムニホイールと異なり、普通の自動車のように4輪を配置します。ただし自動車のようなステアリング機構はなく、各ホイールの向きは変わりません。そしてオムニホイールと同じように、各ホイールの回転を個別に制御します。

重要なのは、前に触れたローラーの傾きです。傾きの向きの異なる2種類のホイールを図5-06のように適切に配置しないと、メカナムホイール車両はうまく走行できません。

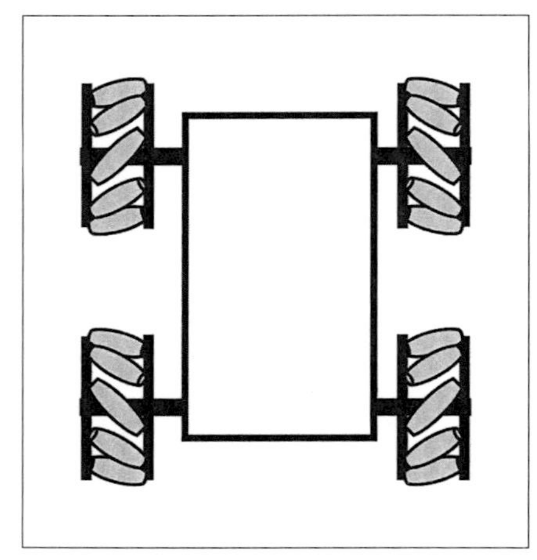

図5-06　メカナムホイールの配置

本章と次章の図はすべて、ローラーの傾きは、車体を上から見たときの向き（ホイール上面での向き）ではなく、接地点における向き（ホイール下側の向き）であることに注意してください。上から見たときとホイールの接地面では、傾きが逆になります。

ところでオムニホイールは3輪とすることができましたが、メカナムホイールは3輪にできないのでしょうか。メカナムホイールはローラーの傾きが2種類あり、方向に応じて駆動力が変わります。もしホイールの数が奇数だとこのバランスが取れません。4輪を自動車のように配置した場合は、バランスの問題はありません。

5-1-3　基本的な走行

メカナムホイールの車両はオムニホイールと同じような動きを実現できますが、その制御方法が違っています。まずいくつかの走行パターンを紹介します。

停止

4輪が停止しているとき、各ホイールのローラーの向きは90度の角度をなしているので、車両は前後左右には動きません。ただしホイールの配置によっては、90度で交差していても動いてしまうパターンがあります。図5-07のaのようにホイールが配置されていれば、4輪が止まっているときに車両は動きませんが、bのようにホイールが配置されていると、車体が超信地旋回する形でローラーで転がることができ、車両の向きが変わってしまいます。これが、ローラーの傾きの配置が重要な理由の1つです。ホイールの駆動と関係なく、外力でローラーで転がって動くことができると、車両がどのように走行するかを制御できなくなってしまいます。

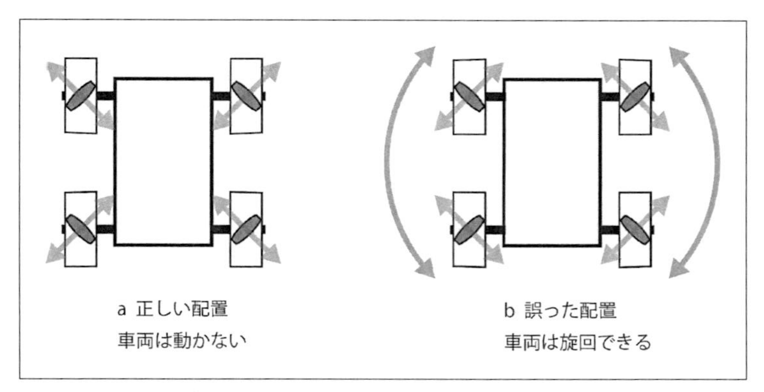

図5-07　ローラーの傾きと停止条件

前後進

普通の自動車と同じように、各ホイールを同じ向きに回転させれば、車体を前後進させることができます（図5-08）。ローラーによる転がりは左右で向きが異なるため、いずれの方向にも転がることができず、ホイールは横方向に滑ることなく直進します。

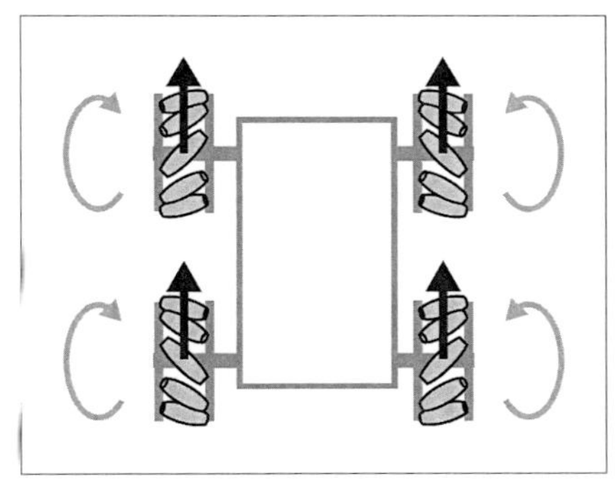

図5-08　前進

横走行

前輪と後輪を逆向きに回転させると、ホイールの回転による前後方向への推力は相殺され、前進も後進しません。このとき、ホイールの回転によりローラーが斜め方向に転がります。ホイールの回転とローラーの転がりの動きが合成され、ホイールは真横に移動します。左右の前後輪ホイールで同じ動作が起こるので、車体は横方向に直線走行します（図5-09）。前輪、後輪とも左右のローラーは傾きが違うので、それぞれの左右ホイールも逆回転させて、同じ横方向への動きにします。

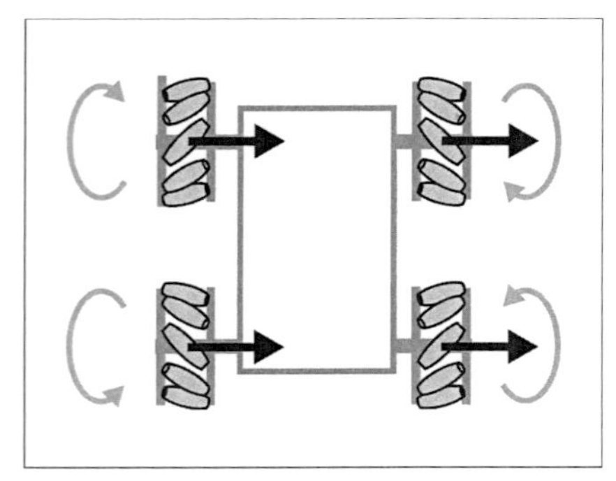

図5-09　横走行

斜め走行

オムニホイールと同様に、前後進と横走行を組み合わせれば斜め走行ができます。前後進は左右のすべてのホイールを同じ方向、同じ速度で回転させ、横走行は前後ホイール、左右ホイールを逆向きに同じ速度で回します。これらの動きを合成すると斜め走行ができます。しかしオムニホイールに比べると、具体的な動きはわかりにくいでしょう。詳細は後でベクトルで考えながら解説します。

旋回

一方の側を前進方向に、反対側を後進方向に回転させることで超信地旋回し、個々のホイールの速度を適切に調整すれば緩旋回しますが、これもローラーの転がりとの関係がわかりにくいでしょう。旋回についてもベクトルのところで説明します。

オムニホイールではホイールの回転とローラーによる転がりの方向が直交していたので、移動のベクトルを駆動力と転がりにすっきりと分けて考えることができました。しかしメカナムホイールでは転がりの方向が45度なので、これらの関係がわかりにくくなります。実物が目の前にあればまだいいのですが、それもない場合は次節で説明するように、ベクトルで考えるのが一番理解が早いでしょう。

5-2　メカナムホイールの制御

メカナムホイールの特徴は、ローラーが斜めなので、ホイールの回転を横方向への駆動力にもできる点です。ホイールの回転速度と、ホイール進行方向への実際の移動速度が異なる場合、その差がローラーの転がりによって吸収されます。この転がりにより、ホイールは斜め方向に移動します。結果としてホイール進行方向への移動と斜め移動が合成され、さまざまな方向への移動となります。

オムニホイールはローラーの角度が90度なので、このような現象は起こりません。ホイールの回転は常にホイールの進行方向への移動となり、そしてローラーによる横への転がりは、そのホイール以外の外力によるものです。しかしメカナムホイールは回転した量だけ常に回転方向に進むわけではなく、代わりに斜め方向への転がりに分解できるのです。

とはいっても、メカナムホイールによる前後進、横移動はだいたいわかるものの、それ以外の斜めの動きは、なかなか想像ができません。そこでオムニホイールのときと同じように、メカナムホイールについてもベクトルで考えてみます。

5-2-1 メカナムホイールのベクトル

オムニホイールのところで、車両を意図した通りに動かす方法を説明しました。まずそれぞれのホイールの接地点における移動速度のベクトルを求め、そのベクトルが得られるようにホイールを回転させればよいのです。メカナムホイールもこの考え方は同じです。ただしホイールの回転とローラーによる転がりの関係が変わってきます。

まず、メカナムホイールの動きをベクトルで表してみましょう。

オムニホイールのときと同様に、モーターで回転させることによるホイール進行方向の速度を駆動ベクトルVw、ローラーによる斜め方向の転がり移動速度を転がりベクトルVr、接地点の実際の移動速度を移動ベクトルVとします（図5-10）。

メカナムホイールによる移動は、駆動ベクトルVwと転がりベクトルVrを合成したものとなります。この点はオムニホイールと同じです。ただしローラーによる転がりベクトルが、駆動ベクトルに対して直角ではなく45度の角度なので、挙動が異なります。

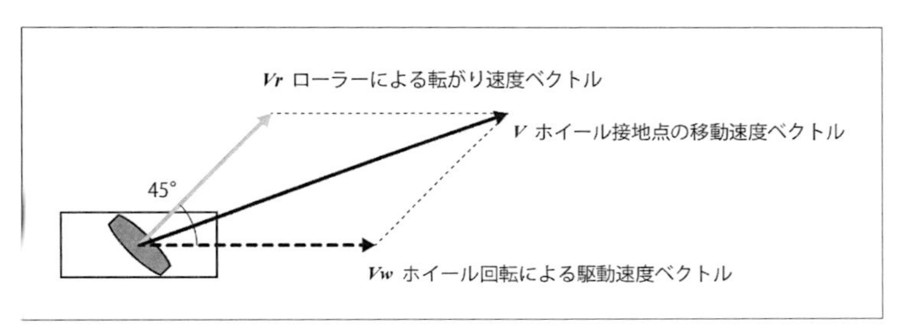

図5-10　メカナムホイールのベクトル

ベクトルの合成を図形で考えると、駆動ベクトルVwと転がりベクトルVrにより作られる平行四辺形の対角線が移動ベクトルVとなることがわかります（オムニホイールではこれが長方形でした）。

ある移動ベクトルVを得たい場合は、そのベクトルVを駆動ベクトルVwと転がりベクトルVrの合成結果としなければなりません。つまりVをVwとVrに分解できれば、ホイールの駆動速度ベクトルVwが得られることになります。

基本的な動作である転がりのない前後進、ホイールの回転の伴わないローラー方向への転がりはすぐにわかります（図5-11）。

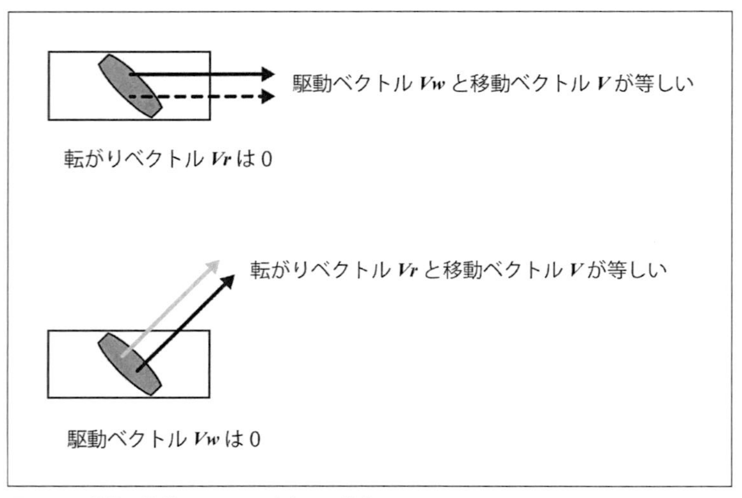

図5-11　前後の移動とローラー方向への移動

それ以外の動きについて説明しましょう。

真横への移動

真横への移動は前に簡単に示しましたが、ベクトルで考えてみます。真横への移動は、ホイールは回転しているものの進行方向への移動はなく、移動ベクトルは真横を向いているということです。これを図5-12に示します。

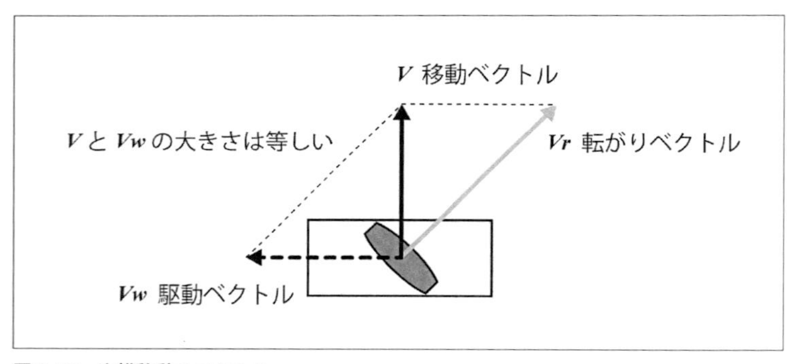

図5-12　真横移動のベクトル

ベクトルの合成図を見ると、移動ベクトル Vは駆動ベクトル Vwと向きが90度異なり、この2つのベクトルから作られる三角形は直角二等辺三角形になるので（三角形の直角でない角が45度になるため）、2つのベクトルの大きさは同じであることがわかります。つまり駆動速度と同じ速度で横移動します。このときローラーによる転がりベクトルの大きさは駆動ベクトルの約1.4倍（2の平方根）になります。

斜めへの移動

例としてローラーの転がり方向でない45度方向への移動をベクトルで表してみます（図5-13）。

この方向はローラーの軸方向と同じなので、ホイールは動けないのではないかと思ってしまいますが、ベクトルで表せば動けることがわかります。

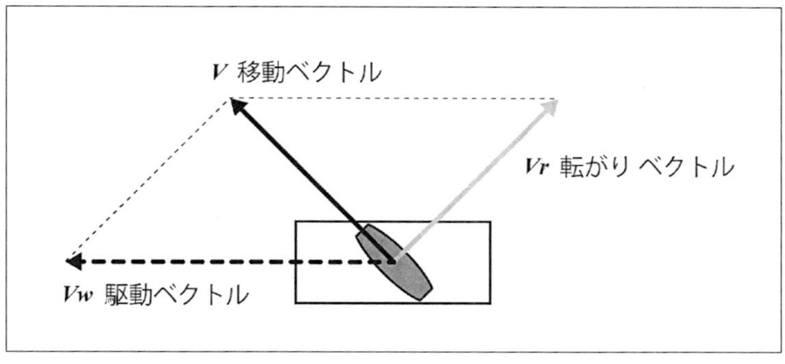

図5-13　斜め移動のベクトル

移動ベクトルと転がりベクトルで直角二等辺三角形になるので、2つのベクトルの大きさと同じになり、そして駆動ベクトルの大きさは移動ベクトルの約1.4倍になります。注意してほしいのは、この動きでは、移動ベクトルよりも駆動ベクトルが大きくなるということです。この点は、制御プログラムを考える際に考慮しなければなりません。

ほかの角度の斜め移動も、同じようにベクトルを分解することで実現できます。

オムニホイールのときは、駆動ベクトルと転がりベクトルが直交していたので、移動ベクトルと駆動ベクトルの交差する角度を使った簡単な三角関数の計算で、移動ベクトルから駆動ベクトルの大きさを求めることができました。メカナムホイールは転がりベクトルの角度が45度なので、計算はちょっと複雑になります。ローラーによる転がりが、駆動ベクトル方向への移動も引き起こすからです。そのためメカナムホイールのベクトル計算では、ローラーの転がり量も加味する必要があります。

基本的な考え方は、前に説明したように傾きの角度が45度の平行四辺形の斜めの辺が転がりベクトル、水平な辺が駆動ベクトル、対角線が移動ベクトルになるということです。移動ベクトルは、大きさ（速度）とホイールの正転時の駆動方向に対する角度θで示します。この移動ベクトルから駆動ベクトルを求めます。

ここでもう1つ考えなければならないことがあります。最初に説明したように、メカナムホイールはローラーの取付方向が異なる2タイプがあります。つまり転がりベクトルの角度が違うということです。具体的にはホイールの正転方向の移動に際して、左前か右後に転がるタイプと、右前か左後に転がるタイプです。数値でいうと、転がりベクトルの角度が45度と135度になります。車両にこの2タイプを組み合わせて装着することで、さまざまな動きを実現しています。

移動ベクトルから駆動ベクトル（ホイールの駆動速度）を求める処理は、この転がり方向の違いによって変わってきます。この2パターンのベクトル計算を図5-14に示します。

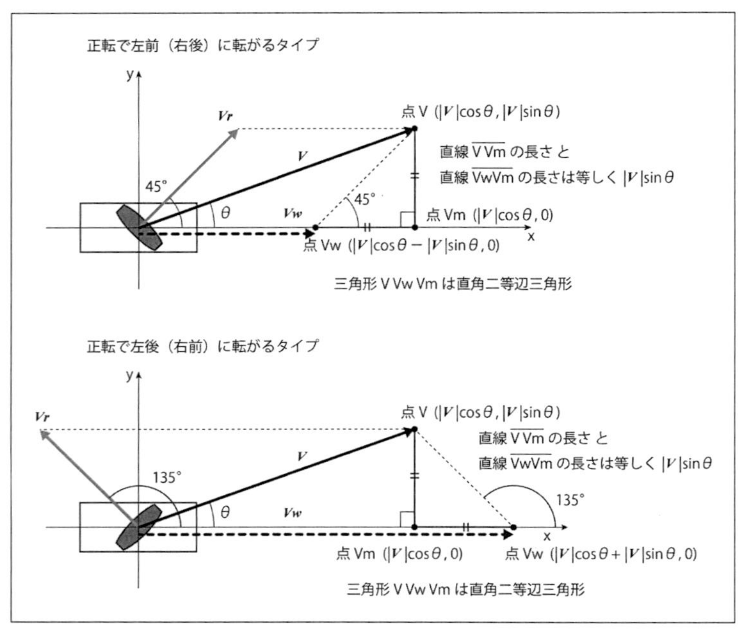

図5-14　移動ベクトルから駆動ベクトルを求める

ホイール接地位置を原点とすると、移動ベクトルVで示される点Vの座標は、（$|V|\cos\theta$, $|V|\sin\theta$）になります。まず移動ベクトルのホイール駆動方向の成分となる点Vmを求めます。これは（$|V|\cos\theta, 0$）になります。オムニホイールのときはこれで計算が完了でした。メカナムホイールの場合は、移動のときに斜め方向のローラーの転がりが伴うため、この移動成分はホイールの駆動と、ローラーの転がりの駆動方向の成分を加えた量になります。したがって駆動ベクトルの大きさを得るためには、この転がり成分を調べる必要があります。

この計算では、転がりベクトルの方向の違いにより、移動ベクトルの駆動方向成分（$|V|\cos\theta$）に、ローラーによる転がりの駆動方向成分を加えるか引くかが変わってきます。

転がりによる駆動方向の成分は簡単に求めることができます。転がりの角度は45度、あるいは135度なので、いずれの場合も点V、Vm、Vwは直角二等辺三角形になります。したがって転がりの駆動方向成分の大きさを示す直線Vm-Vwは、直線V-Vmと同じ長さです。V-Vmの長さは移動ベクトルVの大きさに$\sin\theta$を掛けることで求められます。この関係から、駆動ベクトルVwの大きさは、以下の式で得られます。(2)から(3)への変換は、三角関数の公式によるものです。どの式でも同じ値が得られますが、人間の感覚的には(1)か(2)がわかりやすく、計算速度では(3)が適しています。

まず、「45度（左前）のパターン」は、以下の通りです。

$$|Vw| = |V|\cos\theta - |V|\sin\theta \quad (1)$$

$$= |V|(\cos\theta - \sin\theta) \quad (2)$$

$$= \sqrt{2}\,|V|\sin(\theta + 135^\circ) \quad (3)$$

次いで、「135度（左後）のパターン」は、以下の通りです。

$$|Vw| = |V|\cos\theta + |V|\sin\theta \qquad (1)$$
$$= |V|(\cos\theta + \sin\theta) \qquad (2)$$
$$= \sqrt{2}\ |V|\sin(\theta + 45°) \qquad (3)$$

図5-14では第一象限での関係を示していますが、θの大きさによってsinとcosの正負が変化するので、ほかの象限でも、つまり任意の角度で同じ計算式が成立します。

ここまで紹介してきたいくつかの動きのパターンのベクトル図は、角度θを適切に定めることで、すべて上記の式で説明することができます。

<コラム>　いろいろな計算方法

メカナムホイールの動きをベクトルで理解することは、純粋に数学の問題です。数学ですから結果は同じでも、その計算過程は１つではありません。例えばローラーの取付角度の45度と135度を変数として計算中に組み込めば、２通りの式ではなく１つの式にまとめることができます。ここで説明している式は、この２種類の角度についての三角関数の計算値をあらかじめ求め、場合分けしていることになります。

5-2-2　ホイールの移動の制約

オムニホイールと異なり、メカナムホイールは1輪で前後方向だけでなく横方向への駆動力も発生します。その仕組みはベクトルで考えることでうまく説明できます。しかしこのような動きを実現するためには、ホイールの駆動方向への実際の動きを、駆動速度とは異なるものにする必要があります。これは複数のメカナムホイールをうまく連携させることで実現できます。ここではメカナムホイールによる移動と複数のホイールの動きの関係を説明します。

ホイールの進行方向に移動

もっとも基本となるのは、ホイールの回転の通りに移動するというものです。このとき45度の角度で取り付けられたローラーは回転せず、駆動ベクトルと移動ベクトルの向きと大きさは一致します。車両の前後進の直進走行はこのパターンで行われます。

斜めのローラーで転がることなく走行するためには、ホイールが前後進方向以外に進まないようにする何らかの制約が必要です。これは反対側のホイールによって実現されます。右前輪と左前輪、そして右後輪と左後輪でローラーの傾きの方向が異なり、各ホイールが同じ速度で回転することにより、一方のホイールのローラーによる斜め方向への移動は、他方のホイールのローラーの転がらない方向となります。それぞれのホイールのローラーの傾きは45度なので、向かい合ったホイールのローラーのなす角度は90度になり、転がり移動ができないのです。これにより、どちらのホイールも斜め方向に進めず、ホイールの向きの通りにしか動けません（図

5-15)。

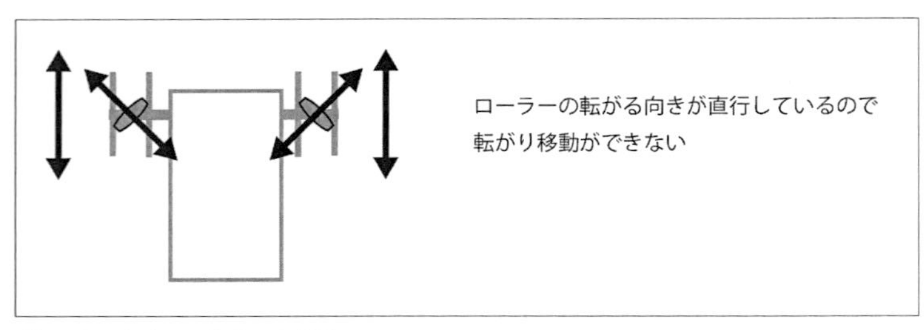

図5-15　ホイール方向への移動

ホイールの横方向に移動

真横への移動は、ホイールが回転しているにも関わらず、ホイールそのものが前後に進まないことが求められます。そのためにホイールの駆動による前後方向の動きを制約する必要があります。

ホイールを前後に移動させないという制約は、前後のホイールのペアで実現できます。前輪と後輪が同じ速度で逆向きに回転すれば、前後で同じ大きさの逆向きの駆動力となって釣り合い、車両を前後させる力は発生しません（図5-16）。このとき重要なことは、前後のホイールのローラーの傾きが違うことです。回転方向とローラーの傾きが逆なことにより、2個のホイールは同じ方向、速度で横に移動します。もしローラーの傾きが同じだったら、横移動方向が逆になってしまい、車両は旋回することになります。

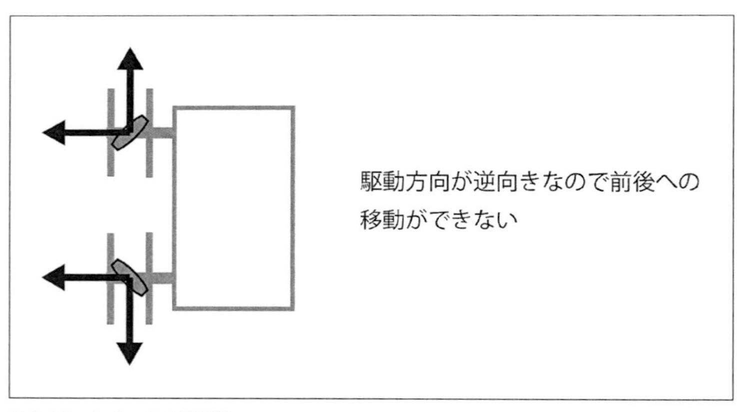

図5-16　ホイールの横移動

直進走行のために、左右のホイールのローラーの傾きが異なること、そして横移動のために前後のホイールのローラーの傾きが異なることから、4輪メカナムホイール車両のローラーの傾きは、前に示した図5-07のaのような構成になります。逆のパターンでもこの条件は満たしますが、前に触れたように、この配置だと車両が超信地旋回する形でローラーが転がることができてしまうため、外力により姿勢が変わってしまいます。

斜め方向の移動

オムニホイールの場合と同様に、メカナムホイールも前後移動と横移動を組み合わせることで斜め方向への走行が可能になります。メカナムホイールは駆動ベクトルと実際の前後方向への移動速度が異なることにより、斜め方向への駆動力が発生します。この前後方向への移動の制約は、ほかのホイールの動きによるものです。制約がバランスする前後進と横移動はわかりやすいのですが、それ以外の「ちょっとだけ制約された状態」、つまり駆動ベクトルとは異なる速度での前後方向への移動はどのように実現されるのでしょうか。

これはそれぞれのホイールが異なる速度で回転することにより、それらの相互作用で実現されます。具体的には個々のホイールについて移動ベクトルを求め、それを実現するための駆動ベクトルで駆動すれば、結果としてそれぞれのホイールの間でお互いに制約する形になります。ローラーの傾きが2種類あることにより、同じ移動ベクトルであっても駆動ベクトルと転がりベクトルへの分解の形が異なり、そしてローラーの向きの違いによる拘束で、車両は意図した通りに移動するのです（図5-17）。

メカナムホイール車両の動画を見ると、斜め移動や旋回の際には、前後左右のホイールがばらばらの速度で回転しているのがわかります。このような動きは直感的に理解するのはむずかしいのですが、ベクトルで計算すれば動きを算出することができます。

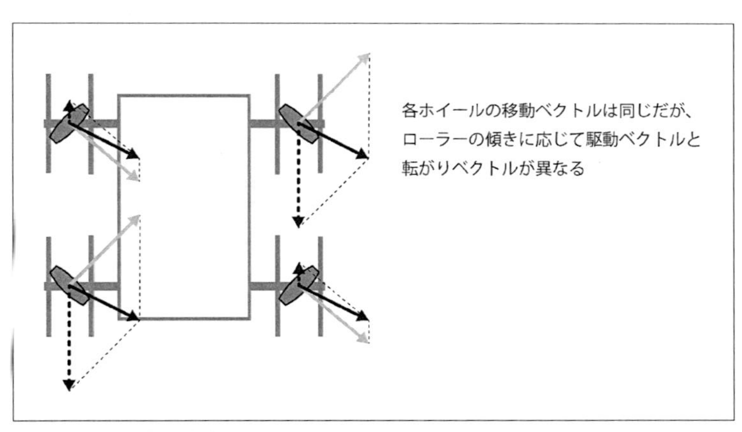

図5-17　車両の斜め移動

メカナムホイール車両の前後進や横移動、斜め移動、そして次に説明する旋回のためには、オムニホイールのときと同様に、各ホイールの移動ベクトルを決め、それを実現する駆動ベクトルを算出します。

ところでメカナムホイールには、オムニホイールにはなかった特徴が1つあります。オムニホイールでは、移動ベクトルより駆動ベクトルのほうが大きくなることはありませんでした。しかしメカナムホイールでは図5-13のような斜め移動の際に、移動ベクトルよりも駆動ベクトルのほうが大きくなります。前に導いた以下の計算式から、ホイールの駆動速度は、角度θの値に応じて最大で移動速度の約1.4倍（2の平方根）になります。

$$|Vw| = \sqrt{2}\ |V|\sin(\theta + 135°)$$

あるいは

$$|Vw| = \sqrt{2}\ |V|\sin(\theta + 45°)$$

これは実際に車両を作り制御するときに、考慮しなければならない問題です。一般にモーターなどの動力源は運転できる最高速度があります。例えば前後あるいは真横方向への直進走行（駆動速度と移動速度が等しい）で最高速を出せるようにすると、斜め走行ではこの速度を出すことができません。前後進時と同じ最高速度を出そうとすると、進行方向によってはホイールの回転速度が上限以上になってしまうのです。モーターを最高速度以上で運転できない場合は必要な駆動ベクトルが得られないので、車両は意図した通りには動きません。

モーター最高速度に合わせてすべてのホイールの速度を下げれば、車両は意図した進路で走行しますが、方向によっては走行速度は前後進時の約0.7倍（2の平方根の逆数）まで低下してしまいます。この問題を避けるために各方向に均等な速度で走行できるようにすると、前後に進む際には実際のモーターの能力の7割程度しか速度を出せないことになります。

この問題にどのように対処するかは、用途や制御ソフトの課題です。

5-3　旋回

メカナムホイールの基本的な挙動と、車両の直進走行がわかりました。次に旋回走行について考えます。

オムニホイール車両と同様に、斜めを含む直進走行と旋回走行の違いは、個々のホイールの移動ベクトルが同じか異なるかです。メカナムホイール車両の旋回走行も、旋回中心を中心とする円周上を、各ホイールが半径に比例した速度で移動することで実現できます。そのため各ホイールの移動ベクトルは、それぞれ異なる向き、大きさになります。

5-3-1　車両の基準位置

旋回走行のための移動ベクトルの算出は、オムニホイールの場合と同様です。旋回中心に対して個々のホイールの移動ベクトルを求めるためには、まず車両の基準位置とホイールの位置を定義する必要があります。また、ベクトルの角度を定義するための基準も必要ですが、これもオムニホイール車両と同様に車両の前を定義し、その向きを0度とし、反時計回りに示します。このように定めた車両の座標系を図5-18に示します。

以後の説明では基準位置、つまり車両座標系の原点を車両の中心としますが、基準位置が中心でなければならない訳ではありません。用途に応じて適当な場所に設定することができます。次章の製作例では、基準位置を車両の中心線上で移動させる機能を実装しています。

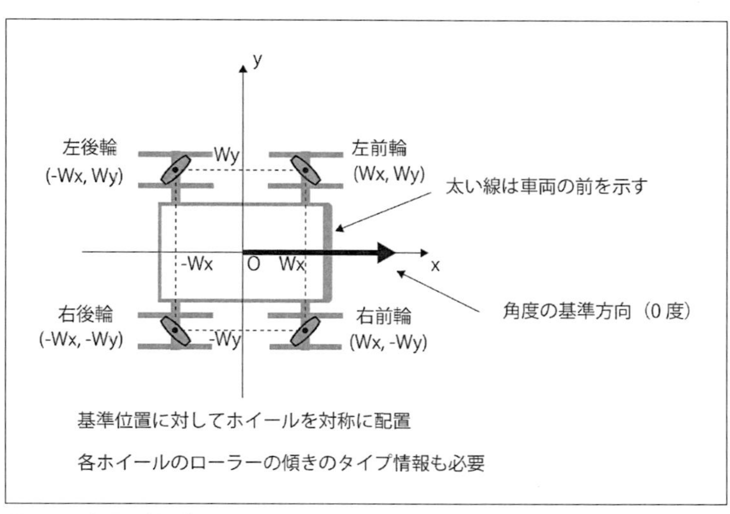

図5-18　車両の座標系

5-3-2　ホイールの位置

旋回走行のための移動ベクトルを求めるには、各ホイールの位置情報が必要になります。

オムニホイール車両では基準位置に対する各ホイールの接地位置座標と、基準軸に対する正転方向の取付角度をホイールの属性情報として持っていました。メカナムホイールでも計算の際には同じ情報が必要です。しかし自動車の車輪のように4輪を配置する場合は、すべてのホイールの取付角度は同じで、回転方向については前進を正転とできます。これで角度と進行方向はすべて共通化できます。

オムニホイールになかった情報として、前述したローラーの向きの違いについての情報が必要です。どちらのタイプかにより、計算式が変わるからです。したがってメカナムホイールでは、図5-18に示したホイールの接地位置の座標とホイールのタイプ情報を用意します（あるいはローラー角度情報を持たせ、共通式で計算する方法もあります）。

オムニホイール車両は、すべてのホイールを車両の中心から等距離になる位置に配置しました。これは必須条件ではないのですが、車両のバランス的に好ましい配置です。ではメカナムホイールの場合は正方形の頂点に位置するようにホイールを配置すべきかということになりますが、特にそのような必要性はありません。用途に応じて適当に配置することができます。

オムニホイールは前後方向の駆動力は発生させられますが、ローラーによる横方向の駆動力はなく、別のホイールの駆動力に依存します。それに対してメカナムホイールは、横方向にも駆動力を発生させることができます。ただしそのためには、前に触れたようにそのホイールの移動量が、ほかのホイールによって制約されなければなりません。この条件が満たされれば、メカナムホイールはどのような角度、配置にもすることができます。しかし実際には自動車のように、すべてのホイールの向きが同じになるように配置するのが一般的です。しかし必要であれば、自動車のような配置ではなく、角度を付けたり、4個よりも多くすることもできます。

5-3-3　移動ベクトルと駆動ベクトルの算出

旋回走行のためには、オムニホイールのときと同様に、各ホイールごとに旋回中心と旋回半径に基づいて移動ベクトルを算出しなければなりません。この処理はオムニホイール車両の場合と同じです。

まず旋回中心を決め、それに対して各ホイールの旋回半径を求めます。そして中心と接地点を結ぶ直線に直交する方向を移動ベクトルの方向とします（図5-19）。移動ベクトルの大きさは、それぞれのホイールの旋回半径に比例した値とします。

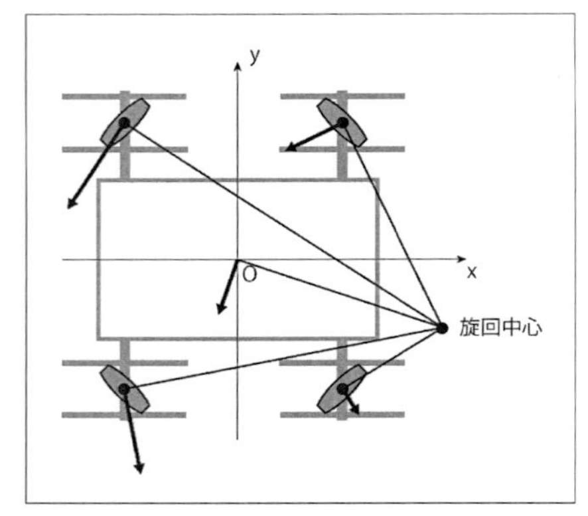

図5-19　緩旋回走行の移動ベクトル

オムニホイール車両では超信地旋回の制御を簡略化できました。メカナムホイール車両もホイール位置が正方形あるいは長方形の頂点であれば多少は簡略化できます。しかしメカナムホイール車両はその車輪配置により、超信地旋回でもホイールは斜め移動になります。そのためホイールの接地点での移動速度とホイールの駆動速度は異なり、オムニホイールのような簡略計算はできません。

超信地旋回は基準位置での走行速度は0なので、駆動速度を求める基準は車両の移動ベクトルではなく、旋回操作によって指定される何らかのパラメータとなります（図5-20）。第4章のオムニホイール車両ではジョイスティックを倒した大きさ（向きは問わない）を旋回の速度としましたが、次章のメカナムホイール車両も同じやり方としています。

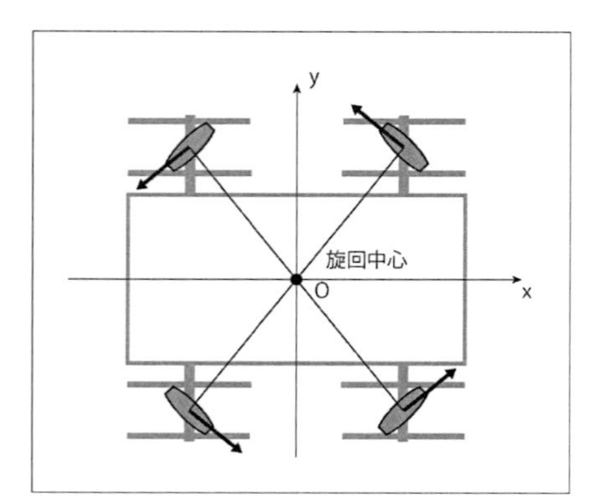

図5-20　超信地旋回のベクトル

5-3-4　ホイールの接地性

前に説明したように、この種のホイールを使った走行では、ホイールがすべて適切に接地していることが重要です。もし路面から浮いてしまうとうまく走行できません。オムニホイールの場合は3輪にすることで、サスペンション機構を使うことなく、すべてのホイールを接地させることができました。しかしメカナムホイールは4輪なので、凹凸のある路面で実用的に使用するためには、第1章で説明したように何らかのサスペンション機構を備えなければなりません。次章の製作例では、後軸が傾く構造にしました。

＜コラム＞　メカナムホイールの走破性

メカナムホイールは自動車のように、すべてのホイールの向きが同じになるように４輪を配置するのが一般的です。このように配置することのメリットとして、車両として一番頻度が高いであろう前後方向への直進走行の性能向上が期待できます。４輪オムニホイール車両で前進する場合、駆動に関与するホイールは左右の２輪だけで、前後の２輪はローラーとしてのみ働きます。３輪の場合は２輪か３輪を使いますが、どの方向への走行についても、ローラーの転がりが発生します。

それに対して４輪メカナムホイール車両の前後進走行は、４輪とも駆動に関与し、さらにこのときローラーの転がりはありません。また前に触れたように、前後進は斜め走行よりも高速走行が可能です。

この形態は、走破性の向上も期待できます。例えば段差を乗り越えることを考えてみましょう。駆動輪と非駆動輪では、段差の乗り越え性能が大幅に異なります。もちろん、駆動輪のほうが優秀です。車輪の特性として、非駆動輪が乗り越えられる段差の高さは、車両に十分な駆動力があっても、現実問題としては直径の1/4程度あるかないかです。駆動輪であればより大きな段差を乗り越えることができ、さらにほかの駆動輪により十分な推進力がある場合、半径よりも大きな段差を超えることも不可能ではありません。

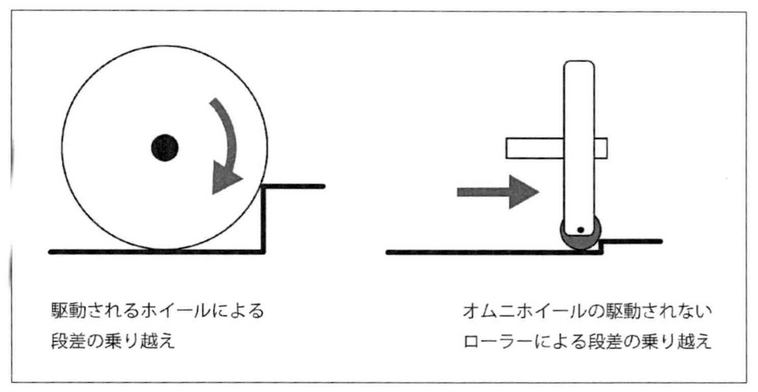

図5-21　段差の乗り越え

駆動輪が乗り越えられる段差の最大の高さを車輪直径の半分としたとき、オムニホイールもメカナムホイールも駆動方向に対して、ホイール直径の半分くらいまで段差を乗り越えられることになりますが、駆動されないローラーで移動している場合は、越えられる段差は、ローラー直径の1/4程度に過ぎません。これはホイール直径の1/10にも満たないでしょう。つまり移動方向と回転方向に角度差がある場合、段差の乗り越えの能力が著しく低下するのです（図5-21）。

これは、どの方向への移動にもローラーの転がりを伴うオムニホイールは、段差の乗り越えの能力があまり期待できないということです。すべてのホイールが回転する進行方向で段差に向かえばかなり改善しますが、それでも転がりと駆動の両方を使うことになるので、走破性という面では辛いものがあります。

メカナムホイールは前後進時に、すべてのホイールがローラーの転がりなしで走行速度で駆動しており、段差に関して高い走破性が期待できます。もちろん、斜め走行時にはローラーの限界が問題になる場合もありますが、実際の車両の走行状況を考えれば、オムニホイールに対する優位性は明らかでしょう。

第6章　メカナムホイール車両の製作

本章では、メカナムホイール車両の製作例を紹介します（図6-01）。ホイールの構造や配置は違いますが、ホイールを駆動するメカニズムやドライバ関連は、オムニホイール車両とほぼ同じです。ホイールの挙動の違いはプログラムに現れています。初期化などはおおよそ同じですが、移動ベクトルから駆動速度を求める計算部分は、ホイールの特性に応じて変わっています。コントローラー操作から各ホイールの移動ベクトルを求める処理は、基本的な考え方は同じなのですが、基準位置をオフセットする機能を追加したため、コードは大きく変わっています。

本章では、オムニホイール車両と異なるホイールまわりとソフトウェアを中心に解説します。

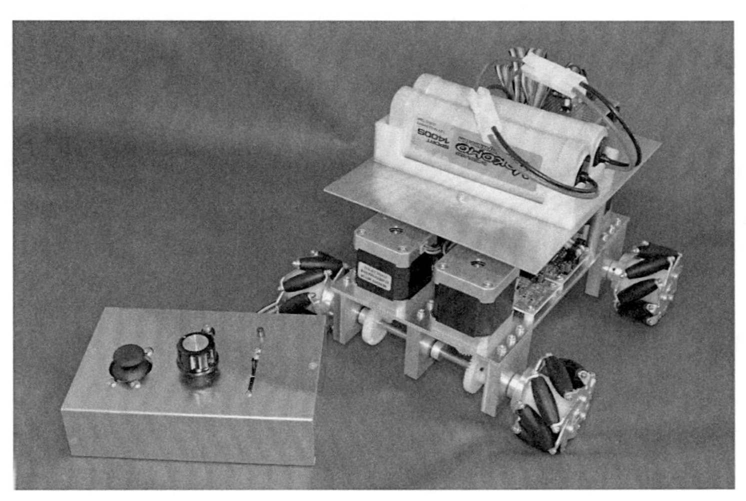

図6-01　メカナムホイール車両

6-1　駆動系の構成

ホイールのハブや減速ギヤの構成、ドライバなどはオムニホイールの車両とほぼ同じです。ホイールの形状の違いにより、ハブは寸法がちょっと変わっています。モーターはより強力なものにしました。しかし最大の違いは、オムニホイールが3輪だったのに対し、メカナムホイールは4輪となることです。

6-1-1　ホイールの配置

メカナムホイールは自動車と同じようにホイールを配置します。つまりすべてのホイールは同じ向きで、左右に2輪ずつです。自動車と異なり、操舵のためにホイールの向きを変える機構は持ちません。

この製作例では、図6-02、図6-03のようにホイールを配置しました。ホイールの位置座標は、走行制御のためにベクトルを計算する際に必要になります。またここには示していませんが、中心（原点）から各ホイール接地位置までの距離（122mm）も計算で必要になります。

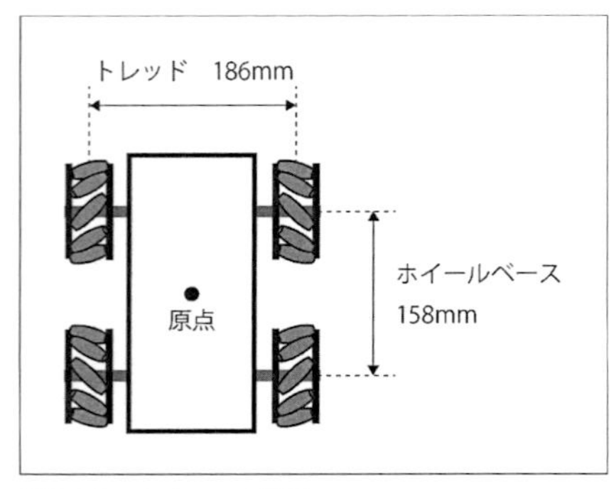

図6-02　ホイールの配置

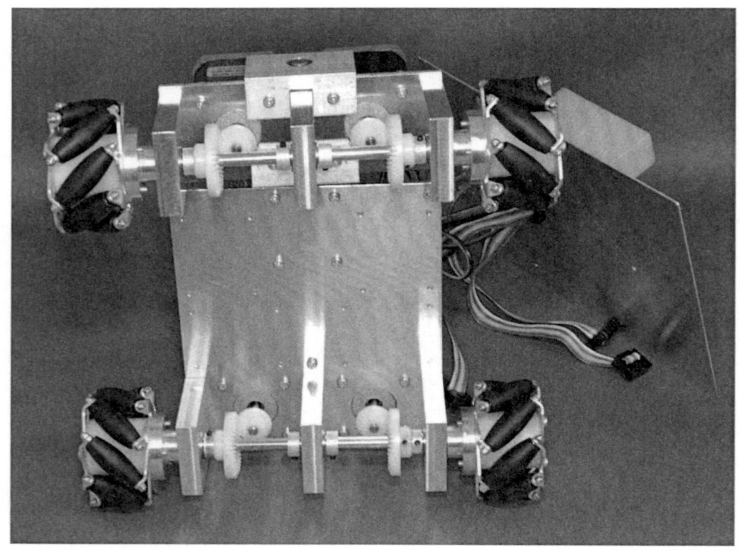

図6-03　車両のホイール

6-1-2　サスペンション

4輪を自動車のように配置すると、路面の凹凸によってすべてのホイールが接地しないことがあります。この種のホイールでは、接地していないと想定した通りの走行ができない可能性があるので、すべてのホイールがきちんと接地するように工夫します。

スプリングを使った懸架装置は部品点数が増えるので、ここでは前側2輪と後ろ側2輪を車体軸線に沿った回転軸でつなぐという方式にしました（図6-04、図6-05）。

これはホイールローダーなどの建設機械にも使われている方法で、後輪軸が前輪軸と角度をなせるようにすることで、4輪が常に接地します。このやり方は、各輪にかかる荷重が路面の

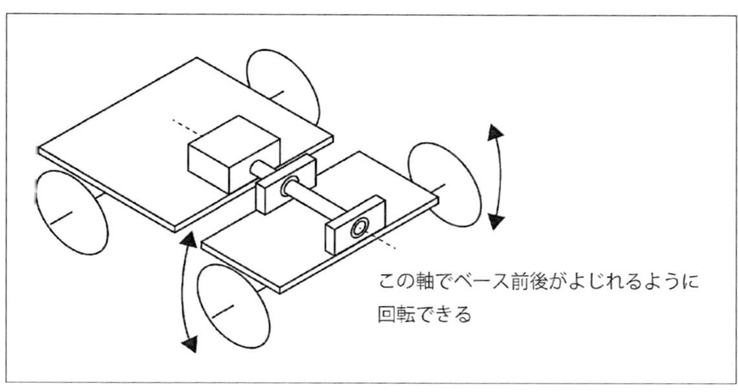

図6-04　イコライジング

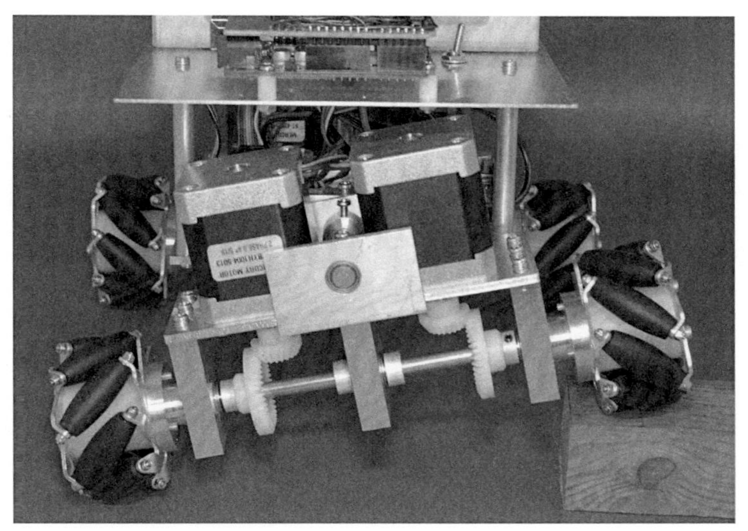

図6-05　イコライジング用の軸と軸受

凹凸で変化しないという特徴もあります。スプリングを使った場合は、縮んだ場所ほど荷重が大きくなるという性質があります。

6-1-3　減速ギヤとモーター

軸受や減速ギヤ、ステッピングモーターの構成はオムニホイール車両とほぼ同じです。ドライバもL6470モジュールを使っています。ただしモーターは、トルクの大きいタイプを使っています（図6-06）。モーターの特性については後述します。

ホイールが4輪になり、すべてのホイールは同じ向きになります。そこで軸受部品を減らしました。オムニホイールでは1輪について2個の軸受部品を使っていましたが、メカナムホイールでは左右の2輪を3つの軸受部品で支える構造にしました。中央の部品には両側にベアリングをはめて、左右のホイールの2本の軸を1つの部品で支えています（図6-07、図6-08）。

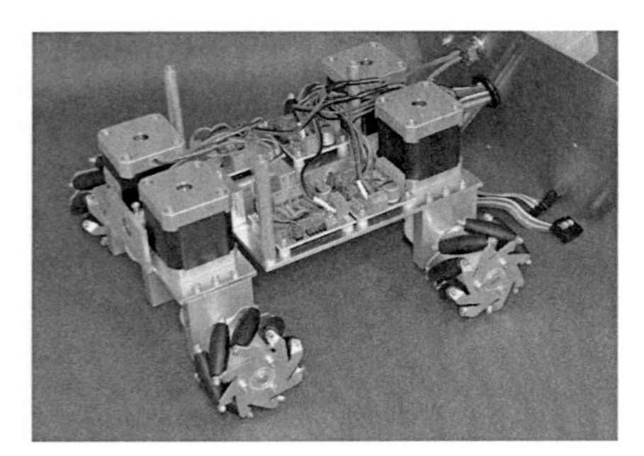

図6-06　モーターの配置

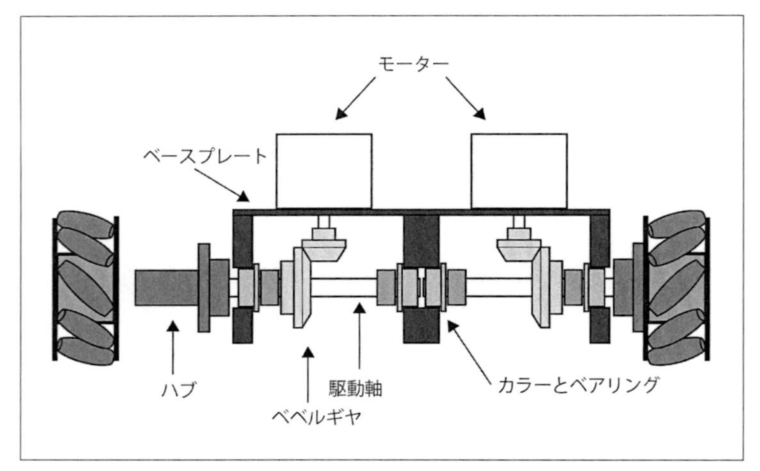

図6-07　駆動系の構造

図6-08　実際の駆動系

6-2　回路の構成

メカナムホイール車両の制御／駆動回路は、オムニホイール車両とほとんど同じ構成です。変わっているのはモーターが3個から4個に増えたこと、コントローラーのオフセットVRを使用することです。また駆動力を高めるために違う形式のモーターを使っていますが、ドライバモジュールは同じものです。

6-2-1　回路

使用しているArduino UNOの入出力ピンの割当を表6-01に示します。オムニホイールよりホイールが1個増えていますが、そのために必要なのは~CS用の出力ピン1本だけです。またオフセット用VRのために、アナログ入力端子を1本使用しています。

表6-01　ポートの割り当て

デジタルポート	
D0	PCとの通信ポート
D1	PCとの通信ポート
D2	右後輪用ドライバの~CS（出力）
D3	左前輪用ドライバの~CS（出力）
D4	左後輪用ドライバの~CS（出力）
D5	（未使用）
D6	（未使用）
D7	（未使用）
D8	モードスイッチ（入力）
D9	モードLED（出力）
D10	SPI（SS）右前輪用ドライバの~CS（出力）
D11	SPI（MOSI）
D12	SPI（MISO）
D13	SPI（SCK、オンボードLEDは使用できない）
アナログ入力ポート	
A0	ジョイスティック左右
A1	ジョイスティック前後
A2	操舵VR
A3	基準位置オフセットVR
A4	（未使用）
A5	（未使用）

コントローラーや電源まで含めた回路を図6-09に示します。

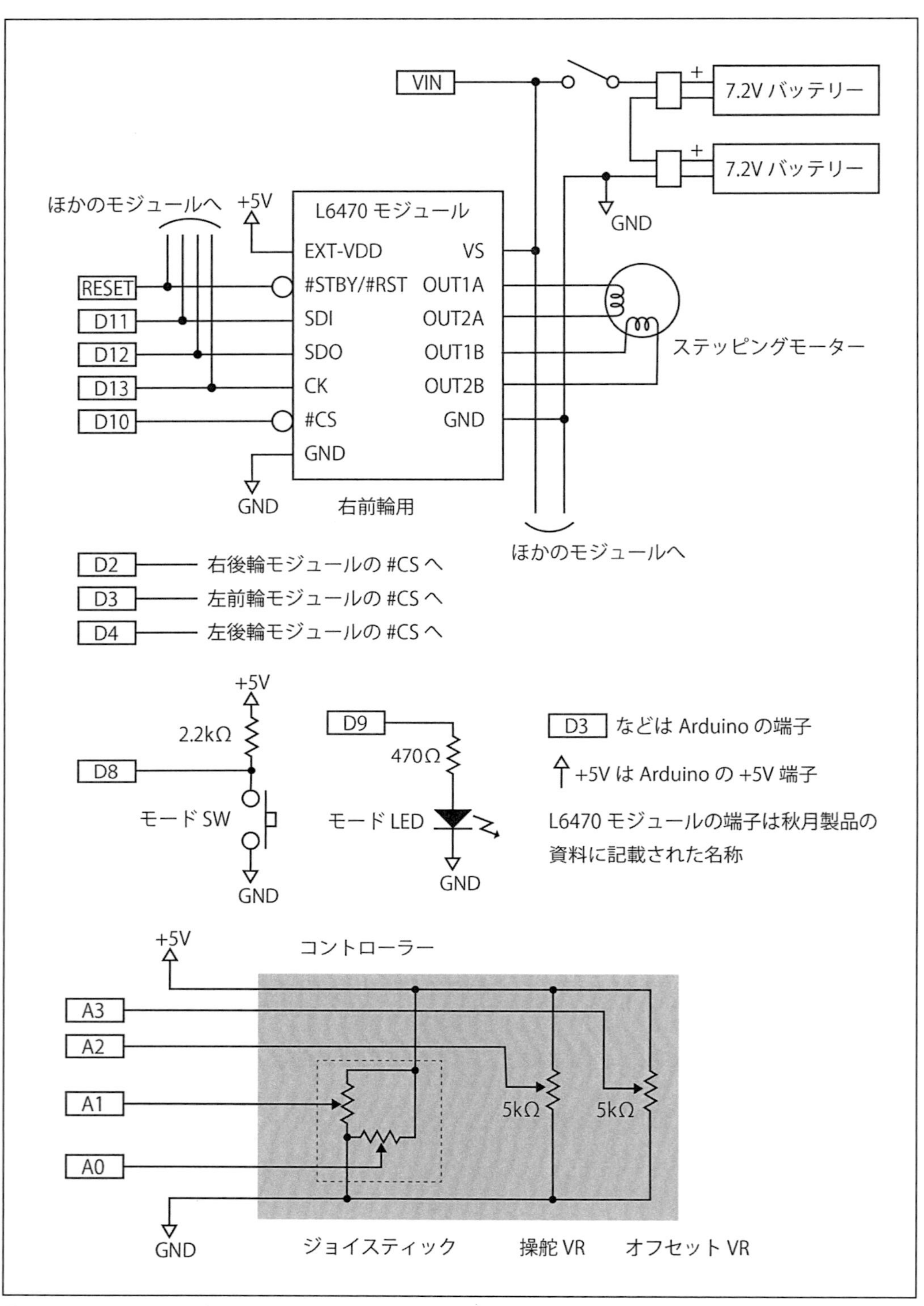

図6-09　メカナムホイール車両の回路図

6-2-2 ステッピングモーターの変更

オムニホイール車両に使ったモーターは、平らな床で走らせる分には問題はありませんが、全体的にはちょっと力不足でした。メカナムホイール車両はオムニホイール車両よりも高い走破性が期待できるので、より強力なモーターを採用しました。

オムニホイールで使ったSM-42BYG011は定格電圧が12V、巻線の抵抗値は約36Ωです。したがって停止時に12Vかけると、巻線に約0.3Aの電流が流れ、十分な静止トルク（0.23N・m）が得られます。しかし回転速度を高めると逆起電力により電流が減り、出力トルクが低下します。L6470には逆起電力補償の機能がありますが、回転が高くなったときに電圧を高め、電流量を増やすという原理です。製作例の車両は電源電圧が約15Vなので、電圧を大きく高めることができません。そのため速度を高めたときに十分なトルクが得られないのです。

メカナムホイール車両ではST-42BYH1004（秋月電子、http://akizukidenshi.com/catalog/g/gP-07600/）というモーターを使っています。これは定格電圧5V、巻線抵抗は約6Ωで、相電流は1Aです。これで静止時のトルクは約2倍の4.4kgf・cm（0.43N・m）となります。

巻線の抵抗値が小さいため、停止時に15Vかけると電流が流れすぎるので、実効電圧を低下させる必要があります。付録で説明しますが、L6470にはKvalというパラメータがあり、実効出力電圧の調整が可能です。

回転数が上がると逆起電力により電流が減りますが、定格電圧と電源電圧の差が大きいので、定格電圧を超える電圧をかけて相電流を増やし、トルク低下を軽減することができます。もちろんこの電圧調整は、相電流が定格の1Aを超えない範囲で行わなければなりません。

またこのモーターは1回転が400ステップなので、速度指定の数値は2倍の値を指定し、最高速度`MAX_SPEED`は50000としています。

このような特性を考慮して、L6470に設定するモーターパラメータはオムニホイールのときとかなり変わっています。これらのパラメータは初期化時にレジスタに設定しています。

```
// 出力電流係数（Kval）
writeReg1(wheelAttr[i].cs, L6470REG_KVAL_HOLD, 85);  // 停止時は33％
writeReg1(wheelAttr[i].cs, L6470REG_KVAL_RUN, 128);  // 定常時は50％
writeReg1(wheelAttr[i].cs, L6470REG_KVAL_ACC, 128);  // 加速時は50％
writeReg1(wheelAttr[i].cs, L6470REG_KVAL_DEC, 128);  // 減速時は50％
// BEMF（逆起電力）補正
// 低速時はデフォルトより低め
// 高速時はデフォルト値の２倍弱
writeReg1(wheelAttr[i].cs, L6470REG_ST_SLP, 20);
writeReg1(wheelAttr[i].cs, L6470REG_FN_SLP_ACC, 70);
writeReg1(wheelAttr[i].cs, L6470REG_FN_SLP_DEC, 70);
```

6-3　制御プログラム

制御の基本的な方針はオムニホイール車両と同じです。2自由度のジョイスティックを使って任意の方向に直線走行し、それとは別の操舵VRで緩旋回と超信地旋回を行います（図6-10）。

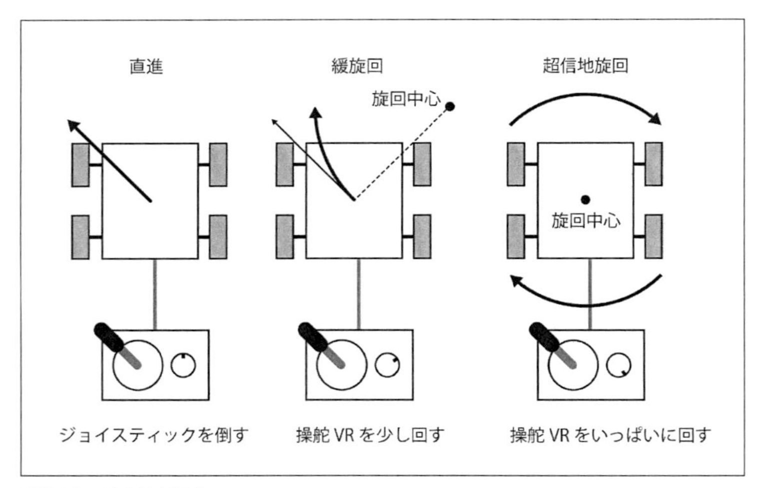

図6-10　基本的な動き

メカナムホイール車両には、これらの動きを補足する形で、基準位置を前後方向にずらす機能を付加しました。これによりどのような効果が得られるかは次に説明します。

オムニホイールとメカナムホイールは、指定された移動ベクトルから駆動ベクトルを求めるベクトル計算処理は異なりますが、それ以前の移動ベクトルの決定までは同じ考え方です。また前の章で説明したように、メカナムホイールでは、移動ベクトルの最大速度と駆動ベクトルの最大速度との関係を、オムニホイール以上に考慮する必要があります。この製作例では、計算されたホイールの速度が上限を超える場合に、一番速いホイールの速度が上限速度になるように、すべてのホイールの速度を一定の割合で減速します。この処理は旋回走行と斜め走行で必要になります。

ここではおもにオムニホイール車両から変わっている部分を中心に解説します。コントローラーのパラメータなどの処理は、オフセットVRが増えている点を除いて、オムニホイールのプログラムとほぼ同じです。

6-3-1　車両の基準位置

旋回走行を行う際には、車両の基準位置での走行速度に基づいて、各ホイールの移動ベクトルを計算します。オムニホイール車両では車両の中心位置を基準位置としました。車両の旋回中心はいかなる方向への進行時であっても、この基準位置を通り、進行方向に直交する直線上にあります。

メカナムホイール車両の製作例では、車両の基準位置を進行方向に沿ってオフセットさせる機能を組み込んでみました（図6-11）。用途によっては車両の旋回中心を定めるための基準位置を変えられると便利な場合があります。

基準位置を車両の中心に置くのに対し、フォークリフトのような作業機を備えた車両では、前側の位置を基準にしたほうが取り回しが便利です。例えば2輪駆動の例として取り上げたフォークリフトでは、車両は前輪軸が旋回の基準位置でした。メカナムホイールでフォークリフトを作る場合も、操作性の面で同じように前側を基準位置にしたほうが、通常の走行では扱いやすいでしょう。必要ならフォークを上下させるマストの位置やフォーク先端、つまりホイールよりも外側の位置を基準にすることもできます。このようにすることで、作業機の位置を中心に急旋回、超信地旋回できるので、狭い場所での取り回しが便利になるかもしれません。

また後軸の延長上に旋回中心があれば、普通の前輪操舵の自動車と同じような挙動になります。

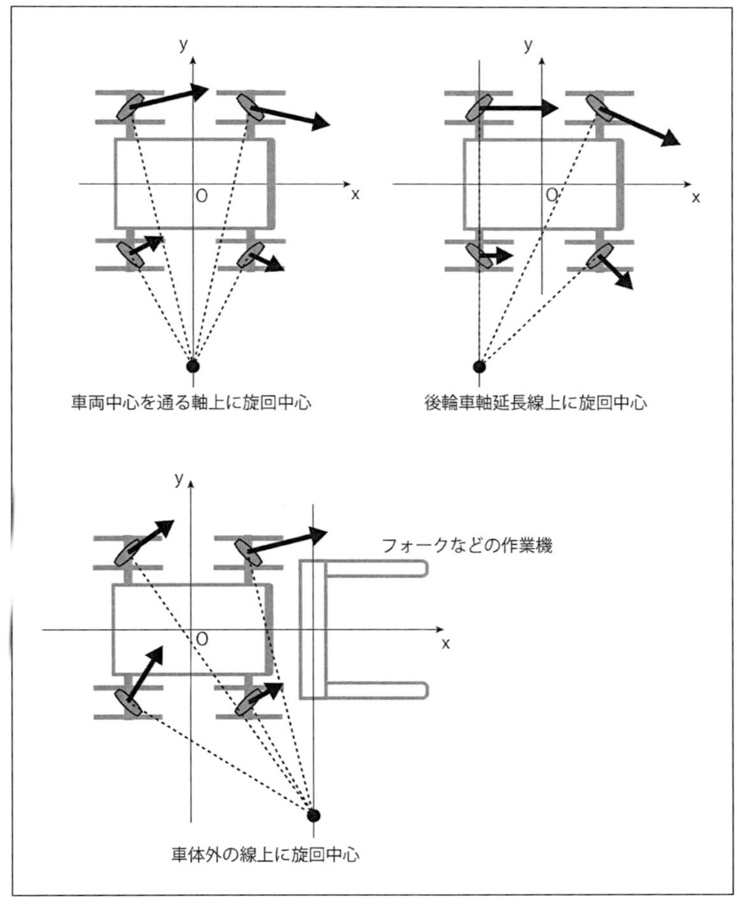

図6-11　基準位置をオフセット

製作例ではスライドVRを1個使用し、ツマミを動かして基準位置を前部から後部まで移動できるようにしました。作業機を装着したことを考え、前後の限界位置は車軸上よりさらに外側で、車体より25mm程度外側まで移動できます。

オムニホイールの車両の基準位置は、ホイールの位置などを示す座標系の原点と同じでした。

メカナムホイール車両も座標系の原点は車両中心位置で、オフセット量に関わらず不変です。しかし基準位置はx座標値を変えるという形で、原点以外の位置に動かすことができます。以後、基準位置といった場合はオフセット指定によってx軸上を動く位置、車両中心位置は不変の座標系の原点として解説します。

旋回中心は基準位置を通る直線上にあります。正確には、基準位置を通り、進行方向に対して直交する直線上となります。したがって基準位置が変わると旋回中心が移動し、旋回時の移動ベクトルが変化します。例えば基準位置を車両の外側に置いた状態で超信地旋回を行うと、ある点を中心に車両がそのまわりをぐるぐる回るように動きます。基準位置のオフセット機能は、前後進走行では比較的わかりやすい考え方ですが、もちろん斜めや横走行にも適用されます。この場合、一見すると訳のわからない挙動に見えるかもしれません。実際、人間が使う場合に便利に感じるのは、前後に走行しているときでしょう（オフセットしたときの挙動は、アップロードした動画（https://www.youtube.com/watch?v=mBvXVsJCULI）で見ることができます）。

ちょっと考えるとわかりますが、このオフセット機能による旋回中心の移動は冗長な機能です。斜め走行と旋回を組み合わせることで、オフセットしたときと同じように旋回中心の位置を定められるからです。車両がもしプログラムで計算された軌道で走行するのであれば、このようなオフセット機能は不要です。しかし人間がコントローラーで操作する場合、斜め走行と組み合わせるより、前後進とオフセット機能のほうが直感的に扱うことができるでしょう。

6-3-2　速度の調整

第5章の計算式で示したように、メカナムホイールは斜め移動の際に、移動速度よりも最大で約1.4倍の速度でホイールを回転させる必要があります。つまり斜め走行では、前後進や横走行のときの最高駆動速度での移動はできないということです。回転数が高くなりすぎる問題は斜め走行だけでなく、旋回でも発生します。走行速度が低くても移動方向により、高速回転するホイールがあるためです。

この問題への対応として、駆動ベクトルを計算した結果、最高速度を上回るホイールが存在する際は、すべてのベクトルが最高速度以下になるように一定の割合で速度を下げます。

もう1つ速度の調整という要素があります。オムニホイールと同様に、直進から緩旋回、急旋回、そして超信地旋回の速度のつながりを滑らかにするために、旋回半径に応じて基準位置での速度を調整する必要があります。これはオムニホイール車両と同じ考え方とし、旋回半径が小さくなるほど基準位置での速度を下げ、超信地旋回で0になるようにします。この処理のための計算式は、オムニホイール車両と同じです。

6-3-3　コントローラーの操作要素

人間が操作するコントローラーによって車両の動きを制御するという部分は、オムニホイール車両と同じです。操作要素は以下の通りです。

ジョイスティック

X-Y方向を指定できる2軸のジョイスティックにより任意の方向へ直進走行します。スティックの向きで方向を示し、倒した角度で速度を決めます。この操作はオムニホイール車両と同じです。

操舵VR

いずれかの方向の直進走行しているときに操舵VRを操作すると、緩旋回走行となります。旋回中心は、基準位置を通り、進行方向と直交する直線上になります。

操舵VRの操作量が大きくなると旋回半径は小さくなります。操舵VRをいっぱいまで動かすと超信地旋回になります。この操作はだいたいオムニホイール車両と同じですが、車両の挙動はオフセットVRの位置により変わってきます。

オフセットVR

前述の基準位置の移動を指定します。中央位置で車両中心、いっぱいに動かした状態で車体前後の端よりも25mmほど外側となります。基準位置をオフセットしても、直進走行はどの方向であっても影響を受けません。

緩旋回の場合は旋回中心の位置がx軸方向上でずれます。旋回中心は基準位置を通り、移動ベクトルと直交する直線上にあるので、基準位置がオフセットすると旋回中心の位置もオフセット量と同じだけ前後方向に移動します。超信地旋回もオフセットの影響を受けます。超信地旋回は基準位置を中心とする旋回なので、オフセットに伴い、その場での旋回とは変わった挙動となります。

旋回とオフセットの関係については、後ほど説明します。

コントローラーのジョイスティックと2個のVRから読み取った値は、EEPROMに記録された範囲値に基づいて正規化され、以下の変数で示されます。

コントローラー情報を示す変数

`vecMove`	ジョイスティックが示す方向と大きさ
`vecMove.mag`	ベクトルの大きさ（0から1.4）、車両の走行速度
`vecMove.ang`	ベクトルの角度（ラジアンで－πから＋π）、前進方向が0
`steer`	操舵VRの操作量（－1から1）
`offset`	実際のオフセット量、mm単位で－125から125、前方向が正

6-3-4　走行モードの場合分け

基準位置を変えるという要素が加わったため、プログラム中の移動ベクトルの計算処理が、オムニホイールのときとかなり変わっています。オムニホイール車両では、停止、直進走行、操舵VRをいっぱいに回したときに超信地旋回、それ以外では緩旋回と場合分けして処理しました。オフセット機能の追加でメカナムホイール車両の動作はより複雑になり、制御プログラムはそれに伴ってより多くの制御パラメータを考慮しています。その結果、逆に走行モードの判定の場合分けは単純化され、緩旋回と超信地旋回の処理が統合されています。

この制御プログラムは以下の場合分けをしています。

ジョイスティック中立、操舵VR任意、オフセットVR任意

停止します。

ジョイスティック操作、操舵VR中立、オフセットVR任意

ジョイスティックで示された方向に直進走行します。各ホイールの移動ベクトルは基準位置の移動ベクトルと同じです。

ジョイスティック操作、操舵VR操作、オフセットVR操作

緩旋回か超信地旋回です。旋回走行は、いくつかの例外処理を組み込むことで、基準位置オフセット、超信地旋回、緩旋回をすべてまとめて処理しています。

上記の条件により操舵VRをいっぱいに回した超信地旋回の場合分けがなくなり、停止、直進と旋回の判定のみになっています。

操作要素の中立などの数値の処理は、オムニホイールのときと同様にある程度の範囲を持たせています。

```
// 動作の場合分け
if (vecMove.mag >  0.05) { // スティック操作あり
  if (abs(steer) < 0.05) { // 操舵操作なし
    // 直進（すべてのホイールの移動ベクトルは等しい）
  } else {  // 操舵操作あり
    // 緩旋回、超信地旋回（オフセット処理を含む）
  }
} else {  // スティック操作なし
  // 停止
}
```

超信地旋回、緩旋回を統合的に処理することは、もちろんオムニホイール用のプログラムでも可能です。しかしオムニホイール車両では超信地旋回の処理が単純なので、最初に場合分けして、処理全体を単純化したのです。

6-3-5　基準位置オフセットと旋回

基準位置がオフセットしているときの旋回半径と旋回中心の算出について説明します（図6-11、図6-12a、図6-12bも参照）。

何度も述べているように、基準位置を通り、移動ベクトルの方向に対して直交する直線上に旋回中心が位置します。オムニホイールでは基準位置は車両の中心に固定されていましたが、これをオフセットできることで、いくつかの制御パラメータの意味がちょっと変わってきます。プログラム中の関連する変数は以下のものです。

`steerR`	操舵VRによって決まる基準位置についての旋回半径
`turnR`	オフセットを考慮した車両中心の旋回半径
`cx, cy`	旋回中心座標
`cAngl`	旋回中心と基準位置を通る直線の角度
`turnSpd`	旋回時の補正を加えた車両中心の速度
`vecWheel[]`	個々のホイールの移動ベクトル
`vx, vy`	旋回中心とホイールの間の相対座標
`vAngl`	旋回中心から見たホイール位置の角度

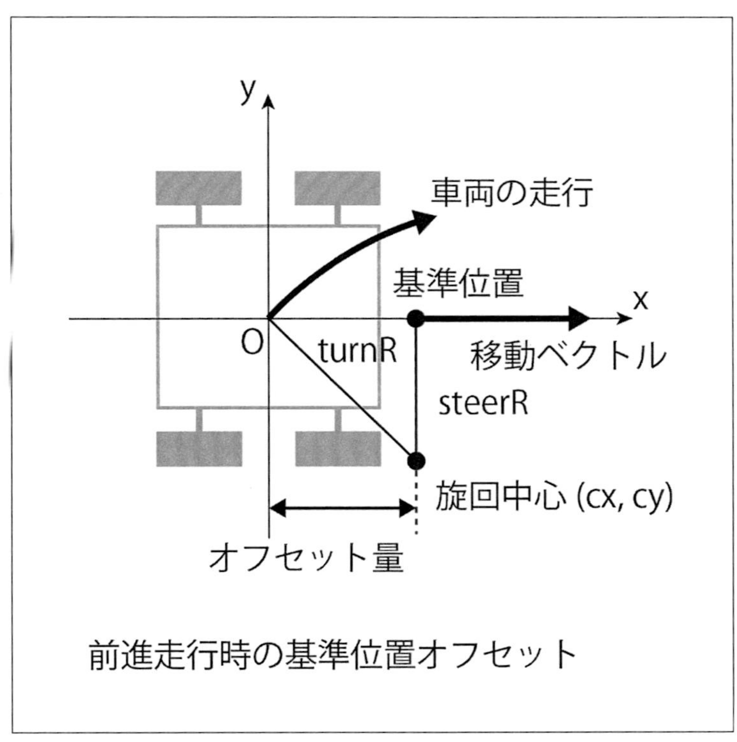

図6-12a　前進走行時の基準位置オフセットと旋回

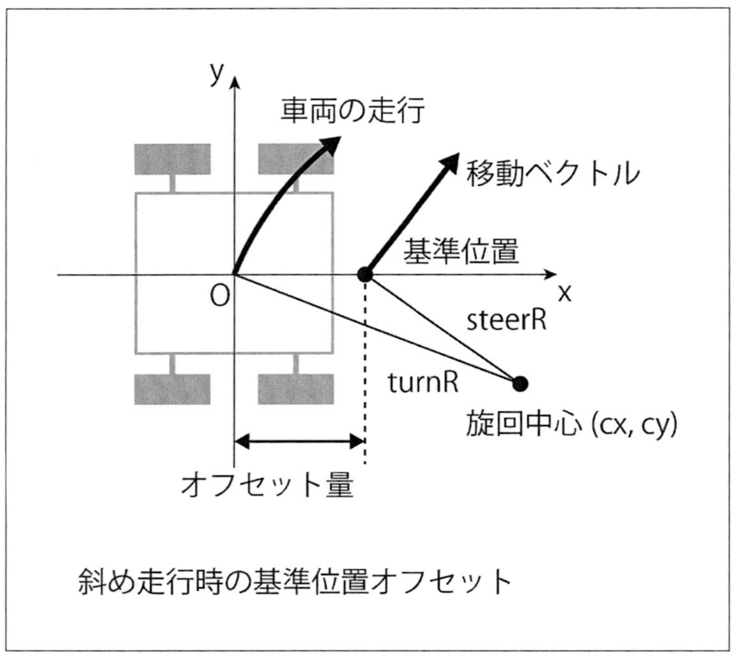

図6-12b　斜め走行時の基準位置オフセットと旋回

操舵VRと旋回半径

コントローラーの操舵VRにより旋回半径steerRを算出します。この計算はオムニホイールのプログラムと同じ方法です。そしてオフセットされた基準位置とジョイスティックによる直進方向角度vecMove.anglに基づいて、車両の旋回中心座標（cx, cy）を算出します。

```
// 旋回半径を求める（WHEEL_DISTは中心からホイールまでの距離）
if (abs(steer) > 0.95) {  // フルステアでは計算がエラーになるので、例外処理
  steerR = 0;  // 超信地旋回は旋回半径が0
} else {
  steerR = WHEEL_DIST / tan(steer * PI / 2);
}
// 旋回中心が位置する直線の角度
cAngl = vecMove.angl + PI / 2;
// 旋回中心の座標を求める
// offsetの値は－125から125
cx = steerR * cos(cAngl) + offset;
cy = steerR * sin(cAngl);
```

車両の旋回半径

車両は（cx, cy）で示される座標を中心として旋回走行します。このときの実際の旋回半径、つまり旋回中心と車両中心の距離が車両の旋回半径turnRです。オムニホイールでは基準位置と車両中心が一致していたので、steerRとturnRを分けて考える必要がなく、turnRのみを

使っていました。左旋回と右旋回は旋回半径の値の正負で示すので、turnRの符号をsteerRの符号と一致させます。

```
// 車両原点での旋回半径（旋回中心と車両中心の距離）
turnR = sqrt(cx * cx + cy * cy);
if (steer < 0) {  // steerRと正負を揃える
  turnR = -turnR;
}
```

旋回時の車両の速度

車両の速度はジョイスティックを傾けた量vecMove.magで指定しますが、オムニホイールのときと同様に、旋回時はこの値を車両の基準位置での速度とはしません。基準位置あるいは中心位置で規定すると、前に説明したように旋回時に車両の速度が過大になるためです。そのためジョイスティックによる車両速度は、旋回時の車両外縁部で値を規定します。具体的には中心の半径値turnRに、車両中心からホイールの接地点までの距離（WHEEL_DIST定数）を加えた値を外縁部の半径とし、その位置の速度をvecMove.magとします。そしてその値に基づいて中心位置の速度turnSpdを計算します。

```
// 基準位置の速度に換算（速度は常に正）
turnSpd = abs(turnR) / (abs(turnR) + WHEEL_DIST) * vecMove.mag;
```

超信地旋回の例外処理

旋回走行のために各ホイールの移動ベクトルを算出するには、旋回中心座標と車両中心での速度を使います。ただし旋回中心と車両中心が一致する超信地旋回は、例外的な扱いが必要です。超信地旋回は位置の移動を伴わないその場での旋回になるので、中心位置での速度が0になります。中心の速度turnSpdは中心位置の旋回半径turnRに基づいて算出しますが、超信地旋回ではturnRが0になるため、速度も0になってしまうのです。そのため、ホイールの速度の算出は、中心の速度turnSpdではなく、ジョイスティックの操作量vecMove.magから直接求める必要があります。

この例外処理は、旋回中心座標と車両中心が一致しているときに行われます。具体的にはオフセットVRが中立で、操舵VRがいっぱいに操作された超信地旋回の場合だけです。操舵VRをいっぱいに回しても、基準位置がオフセットされていればturnRが0でなくなるので、この例外処理は行わず、普通の緩旋回処理となります。

この例外処理の判定は、turnR値が0に近いときという条件で行っています。

6-3-6　ホイールの移動ベクトル

これらの旋回走行の要素と超信地旋回の例外処理を組み合わせて、各ホイールの移動ベクトル vecWheel[] を算出します。

各ホイールの移動ベクトルの向きは、旋回中心とホイール位置の座標から算出した角度（旋回中心から見たホイール位置の角度）に90度を加算したものとなります。

緩旋回の場合は各ホイールの移動速度が、ホイール位置での旋回半径に比例した値になります。そのため中心の旋回半径と個々のホイールの旋回半径の比率を求め、それに中心位置の速度 turnSpd を掛けてホイール位置の速度とします。前に触れたように左旋回と右旋回は、turnR の正負に応じてホイール速度値の正負を変えることで実現します。

超信地旋回では中心速度が0なので、ジョイスティックによる速度指定 vecMove.mag をそのまま使います。旋回方向の判定に turnR の符号が使えないので、steer 値の符号を使っています。超信地旋回時のこの速度の処理は、すべてのホイールが中心から等距離にあることを前提としています。何らかの理由でそれぞれのホイールで中心からの距離が異なる場合、中心からの距離に応じて速度値を変える必要があります。例えばホイールの数が6輪や8輪であれば、等距離という条件を満たさないこともあるでしょう。

```
// 旋回中心とホイール位置の距離（X-Y座標）
vx = wheelAttr[i].x - cx;
vy = wheelAttr[i].y - cy;
if ((abs(vx) < 5) && (abs(vy) < 5)) {
  // 旋回中心とホイール位置がほぼ重なっているのでゼロベクトルにする
  vecWheel[i].mag = vecWheel[i].angl = 0;
} else {
  // 旋回中心から見たホイール位置の角度
  vAngl = atan2(vy, vx);
  // ホイール位置での移動ベクトルの向き（軌跡円の接線方向）
  vecWheel[i].angl = vAngl + PI / 2;
  // 旋回半径の差による速度の増減
  if (abs(turnR) > 10) { // 半径が10mm以上なら緩旋回
    spdFact = sqrt(vx * vx + vy * vy) / turnR;
    // ホイール位置での移動速度
    vecWheel[i].mag = turnSpd * spdFact;
  } else if (steer < 0) {  // 超信地旋回（右旋回）
    // 本来はturnRの正負で速度の正負が決まるが、0なのでsteerの正負を使う
    vecWheel[i].mag = -vecMove.mag;
  } else {  // 超信地旋回（左旋回）
    vecWheel[i].mag = vecMove.mag;
  }
}
```

6-3-7 駆動ベクトルの計算

移動ベクトルから駆動ベクトル（回転速度）を求める計算は、前章で説明したように、移動ベクトルと駆動ベクトルのなす角度のsinとcosを加減算し、それに移動速度を乗じることで得られます。

オムニホイール車両では駆動ベクトル、つまりホイール速度を算出するためにホイールの取付角度を必要としました。メカナムホイール車両は、すべてのホイールが同じ向きに取り付けられているので、駆動ベクトルを算出する際に個々のホイールの角度情報は不要です。正確にいえばすべて同じ角度なので、個別の属性情報としては不要であり、そして角度の基準である0度に等しいということです。

移動ベクトルから駆動ベクトルを求めるための計算式は第5章に示した通りで、オムニホイールの場合よりも複雑です。

前に説明したように、ローラーの傾きの違いによる計算処理の場合分けが必要になります。そのためこの情報を個々のホイールの属性情報として持ちます。ここではタイプで場合分けして加減算が異なる2つの計算式を使っています。ほかに同一の式で計算するやり方として、タイプに応じて1と－1の係数を割り当て、その係数をsinの項に乗じるという方法、ローラーの角度属性として45度と135度を持たせ、三角関数を使って導くといったやり方も考えられます。場合分けするやり方は数学的にはエレガントではないかもしれませんが、式変形によって三角関数の計算を減らせるというメリットがあります。以下のリストは、変形によって三角関数の計算を減らした2種類の式を、場合分けして計算しています。オリジナルの式はコメントアウトして示しています。

```
// ローラーの傾きの違いに応じて、各ホイール進行方向の速度を算出
if (wheelAttr[i].type == 0) {
  wheelSpeed[i] = MAX_SPEED * 1.41421356 *
    sin(vecWheel[i].angl + PI / 4) * vecWheel[i].mag;
//  wheelSpeed[i] = MAX_SPEED * vecWheel[i].val *
//    (cos(vecWheel[i].angl) + sin(vecWheel[i].angl));
} else {
  wheelSpeed[i] = MAX_SPEED * 1.41421356 *
     sin(vecWheel[i].angl + 3 * PI / 4) * vecWheel[i].mag;
//  wheelSpeed[i] = MAX_SPEED * vecWheel[i].val *
//    (cos(vecWheel[i].angl) - sin(vecWheel[i].angl));
}
```

個々のホイールの駆動速度が得られたら、前に触れたように最高速度を超えるホイールの判定を行い、すべてのホイールが最高速度以下になるように補正します。そして最終的な駆動速度をモータードライバに指示します。これらの処理はオムニホイールのプログラムと同じです。

付録1　モーターの制御

本書の製作例では動力源としてモーターを使っています。2輪駆動モデルは直流マグネットモーター、オムニホイールとメカナムホイールのモデルにはステッピングモーターを使いました。ここではモーターの基本特性を示すトルクと出力について簡単に説明し、その後で直流モーターの制御方法をまとめておきます。

A1-1　トルクと出力

トルクは、回転運動の「力」の大きさを示す物理量です。物理学での力（単位はニュートンN）は、直線方向に働く作用ですが、これを回転運動と組み合わせたものが「トルク」です。トルクが大きいほど、回転する力が大きいことになります。

トルクは回転する運動について、ある半径の先でどれだけの力が作用するかという形で示します。

A1-1-1　トルクの定義

手や足で何かを回すとき、その回転部分の径が大きいほど、軽い力で回すことができます。ツマミ、ダイヤル、ハンドル、自転車のペダルのクランクなどがその実例です。ネジは、指では軽くしか締められませんが、握りの太いドライバーや長いレンチを使えば強く締めることができます。つまり回転運動は、力を作用させる半径が大きいほど、その回転が強くなるのです。

物理学ではこの回転させる力を、半径×力で表します（図A1-01）。半径が同じ場合、力を強くすれば回転力が強くなるのは当然ですが、同じ力でも半径が大きければ、やはり回転力は強くなります。これは半径と力を掛けることで説明できます。この回転させる力のことをトルクといいます。

トルクは、半径1mの先に1Nの力がかかっているときに1N・mという大きさになります。

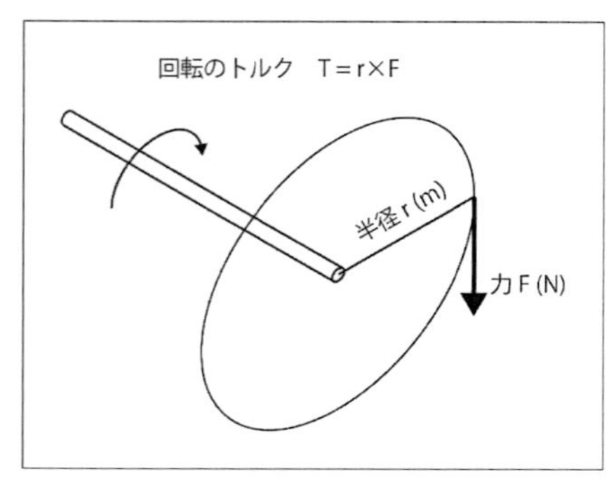

図A1-01　トルクの定義

トルクの正式な表記はN・mですが、かつては力にkgf、gf、半径にcmを使う異なる形式も広く使われていました。この場合、kg・m、g・cmという形になります。詳細な説明は省略しますが、1kgの物体が重力により引っ張られる力、つまり1kgの重さを支える力は9.8Nとなります。例えば1kg・mは9.8N・m、1g・cmは0.000098n・mになります。小さなモーターなどでは、g・cmがちょうどよい単位になります。

A˘-1-2　出力とトルク

モーターやエンジンなどの回転動力の特性として、トルクは重要な値です。動力源にはもう1つ重要な特性があります。それがいわゆる出力、正確には仕事率で、kWや馬力（ps）で示されます。出力は1秒間にどれだけの仕事をできるかを示す数値で、ワット（W）で表します。1Wは毎秒1Jのエネルギーを出力できます。エンジンなどの1馬力（ps）は735.5Wとなります。

モーターのような回転動力源の出力はトルクと大きな関係がありますが、これにさらに回転速度が関与します。トルクは回転の強さを示しますが、実際にどれだけの速度で回転しているのかは示していません。同じトルクであれば、より速く回転しているほうが、大きな出力を生み出しているのは明らかでしょう。途中経過は省略しますが、トルクTで毎秒n回転しているときの出力Pは以下の式で示されます。つまり出力はトルクと回転数に比例します。

$$P = 2 \times \pi \times n \times T$$

A1-1-3　回転数とトルクの増減

モーターやエンジンで車輪を回転させるときなど、回転速度やトルクが使用状況に合わない場合は、歯車やベルトを使って回転速度を変えます。ベルトの場合はプーリーの直径比、歯車の場合は歯数の比で回転速度を変えることができます。

歯車などを使って回転速度を変換すると、同時に回転のトルクも変化します。例えば20歯と40歯の歯車を使って、モーターの回転速度を半分にして車輪を回転させる場合、車輪の駆動トルクはモーターの軸トルクの2倍になります（図A1-02）。つまり回転数比とトルク比は逆比例します。高速でトルクが小さいモーターでも、減速することで、車輪を強い力でゆっくり回すことができます。

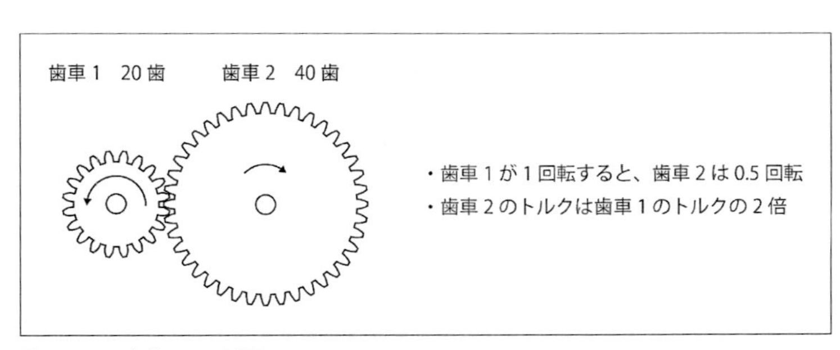

図A1-02　歯車による減速

このとき、出力は変化しないことに注意してください。前の式で示したように、トルクと回転速度の積が出力となるので、減速機構によって出力が増えることはありません。実際には各種の損失により出力は低下します。

A1-2　直流マグネットモーターの制御

直流は、プラスとマイナスの極性が変化しない電源から供給される電気です。具体的には電池が直流電源です。家庭のコンセントに来ている電気は、1秒に50回（東日本）か60回（西日本）の頻度で極性が変わる交流です。交流電源から直流を作ることも可能で、いろいろな電気機器に内蔵されている電源ユニットや小型機器用のACアダプターなどは、交流を変換して直流を出力します。

模型やおもちゃではマグネット（永久磁石）を界磁とする直流モーターが使われています。

A1-2-1　直流モーターの特徴

直流モーターは、与える電圧を変化させることで回転速度を変えられます。あるいは流れる電流を変えても同じ効果が得られます（図A1-03）。電圧を変えるか電流を変えるかは、その制御回路の構成次第です。いずれにしても、比較的簡単に回転速度を変えられるというのが、直流モーターの大きな特長の1つです。

この特性は、乗り物のように速度制御が必要な用途には好適です。そのため、電車や機関車など、電動車両には長らく直流モーターが使われていました（現在は交流モーターが主流です）。

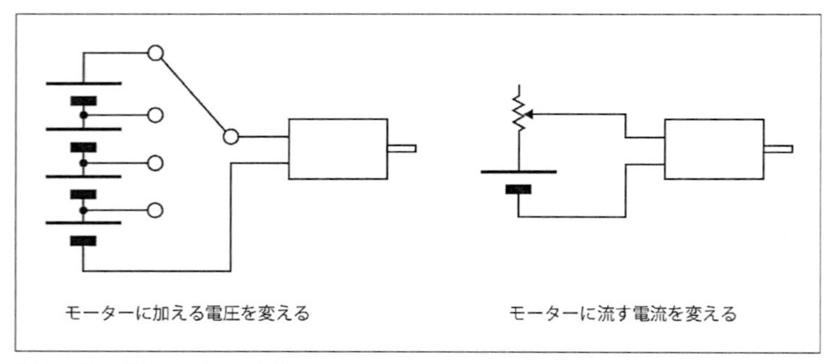

図A1-03　直流モーターの制御

乗り物をモーターで動かす場合は、低速から高速まで、十分な出力とトルクが必要です。特に低速時に大きなトルクが得られないと、乗り物は加速できません。直流モーターはこの点も有利で、流れる電流が多いほど大きなトルクが発生します。モーターの一般的な特性として、回転数が上がるほど流れる電流が減るという性質があります。逆にいうと、回転が遅いほど電流が多く流れます。出力トルクという面で見ると、これは低速時ほどトルクが大きいことになり、乗り物の始動にはちょうどよい特性です。もちろん、十分な電流を供給できる電源が必要です。

A1-3 マイコンによる直流モーター制御

モーターは電流を開閉するスイッチにより回転、停止ができますが、マイコンなどの電子回路で制御する場合は、大電流を制御できる半導体部品を使う必要があります。

A1-3-1 ドライバ回路

マイコンなどを使ってモーターに流れる電流を制御するためには、バイポーラパワートランジスタやパワーMOS-FETなどの半導体デバイスを使用します。これらのトランジスタ類は、微弱な電気信号で制御できるスイッチとして機能します。

単にモーターのOnとOffを制御するだけなら、図A1-04のような回路で構成できます。この図はバイポーラトランジスタを使っています。

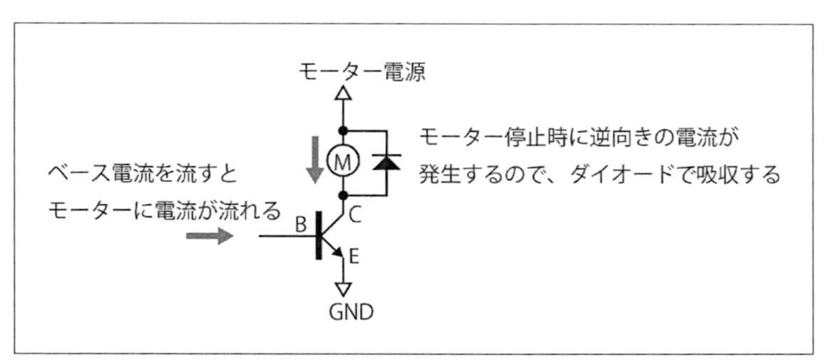

図A1-04 モーターのOn/Off制御

ただしこの回路では、モーターに流れる電流の向きを変えられません。つまりモーターを逆回転させることができないのです。そこで正転と逆転が必要な場合には、図A1-05のような回路構成とします。これは4つのトランジスタとモーターがアルファベットのH形に配置されるので、Hブリッジ回路といいます。フルブリッジとも呼ばれます。

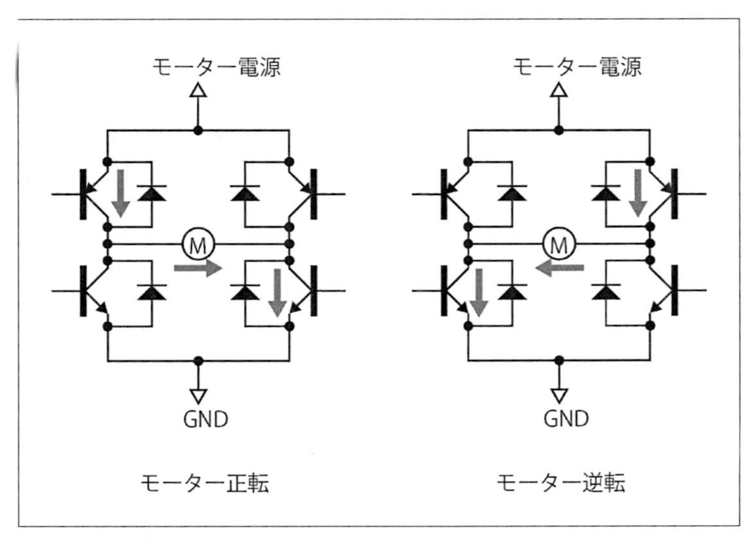

図A1-05 Hブリッジ回路

どちらの回路もモーターと並列に、あるいはトランジスタと並列に、電流が流れない向きにダイオードが挿入されています。これはフリーホイールダイオードといって、モーターを停止させたときに発生する逆向きの電圧（逆起電力）を吸収するためのものです。モーターに流す電流を止めると、電磁誘導により電流を流し続けようとする効果が発生します。単にトランジスタで回路をOffにするだけだと、この電流により高電圧が発生し、回路が損傷したり、大きなノイズが発生したりします。フリーホイールダイオードは逆起電力によって発生した電流をバイパスすることで、異常電圧の発生を防止します。

Hブリッジ回路は、停止、正転、逆転、ブレーキの4種類の動作が可能です。

停止

4個のトランジスタがすべてOffだと、モーターには電流が流れず、回転しません。

正転と逆転

4個のトランジスタがたすき掛けのように導通することで、モーターに電源からの電流が流れ、回転します。電流を流すトランジスタの組み合わせを変えるとモーターに流れる電流の向きが逆になるので、モーターを逆回転させることができます。

ブレーキ

下側の2個のトランジスタをOnにした状態です。停止状態と同様に、モーターには電圧がかからないので回転はしません。最初の停止状態と違うのは、モーターが外力で回転したときです。

モーターを回転させると発電機として動作します。前述の停止状態では、発電された電流はどこにも流れないので、発電機はほぼ無負荷となり、軽く回転します。ブレーキ状態では発生した電流がトランジスタとフリーホイールダイオードを流れて循環するため、電気的な負荷となります。負荷がかかっている発電機は回転が重くなるため、結果的にモーターにブレーキがかかったような状態となります。

この方法によるブレーキは、ある程度以上の電圧が発生しないと効果がないので、回転数が低いときには効果が小さくなります。

モーターの回転方向によって発生する電圧の極性が変わりますが、電流がどちら向きに流れても、いずれかのトランジスタとダイオードによって回路が形成されます。

4個のトランジスタがすべてOffの停止状態のときも、モーターを回転させると逆起電力が発生しますが、これによる電流はフリーホイールダイオードを経由して電源配線に流れます。この場合、逆起電力が電源電圧以上にならないと電流が流れないので、ブレーキ効果はわずかです。

A1-3-2　PWM制御

一般に前述の回路は、モーターに電流を流すか流さないかという形で制御します。ベースに流す電流を連続的に変化させれば出力電流を変化させられるのですが、回路は複雑になり、また発熱も増えるため、電流量を変える制御はモーター用にはあまり行われません。

ドライバ回路が単純な電流のOn/Offしかできないと、モーターの回転速度を変えられません。そこでデジタル回路でモーターなどの回転数を制御したい場合は、PWM（Pulse Width Modulation、パルス幅変調）という方法を使います。これは電流のOnの時間とOffの時間の比率を変えながら、On/Offを非常に速い速度で切り替えるという方法です（図A1-06）。モーターの回転速度の上昇や低下にはある程度の時間がかかります。それに対して十分に速い速度で電源のOn/Offを繰り返すと、モーターによる力の発生が断続的になるものの速度の脈動は起こらず、常時Onのときよりも回転数が低下します。どれだけ低下するかは、Onの時間に比率によって変わります。したがって一定のサイクルの中でOnの時間が長いほど回転速度が高く、短ければ低いことになります。

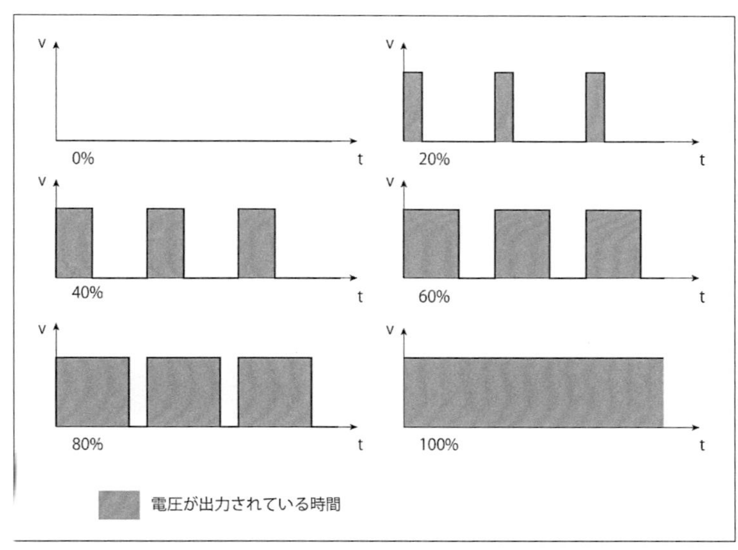

図A1-06　PWM

マイコンの動作やトランジスタによるスイッチングの速度は、モーターの応答時間に対して十分に高速なので、このような制御を行ってモーターの回転速度を調整することができます。

A1-3-3　モータードライバIC

モーターを制御するためのトランジスタ回路を自分で組み立てることもできますが、このような用途のための専用IC、つまりモータードライバICが各種市販されています。このような部品を使えば、簡単かつコンパクトにモータードライバ回路を用意することができます。

モータードライバICには、用途や容量によってさまざまな構成のものがあります。

回転方向の制御

最初に説明したトランジスタ1個でOn/Offする方法は、モーターに流れる電流の向きを変えられないので、回転方向の制御ができません。Hブリッジタイプは電流の向きを変え、回転方向を変えることができます。

バイポーラトランジスタとMOS-FET

使用しているトランジスタの種類です。バイポーラ型に比べ、MOS-FETは電圧降下が小さく、発熱を抑えながら大電流を制御できます。

応答速度

回転の指令に対してどれだけ高速に対応できるかということです。一般に半導体回路の動作速度はモーターの応答に対して十分高速なのですが、PWM制御を行う場合は、制御信号に対してすばやく電流のOn/Offができなければなりません。応答が遅いタイプは周期が短いPWM制御信号に対応できないことがあります。

A1-3-4　東芝TA7291P

本書の2輪駆動制御のフォークリフトは、左右の車輪とフォーク用の3個のモーターを制御するために、東芝製のTA7291PというドライバICを使いました。このICは間もなく生産終了になるようですが、簡単に使うことができ、使用例も多いので取り上げました（図A1-07）。

このICはバイポーラトランジスタを使用し、Hブリッジにより停止、正転、逆転、ブレーキを行えます。PWMは正式にサポートされている訳ではありませんが、Vref端子により可能です。

モーター出力

Vs端子にモーター電源を接続し、OUT1、OUT2にモーターを接続します。モーター電源Vsは最大20V、出力電流はパッケージにより異なりますが、TA7291Pでは瞬間最大2A、平均0.4Aなので、模型用130モーターにはちょうどいい容量です。

モーター制御

ICのIN1、IN2端子のロジックレベルにより、モーターの運転を制御できます。これは以下の組み合わせとなります。

IN1	IN2	状態
L	L	停止（出力端子は開放）
L	H	正転
H	L	逆転
H	H	ブレーキ（出力端子はGNDに接続）

PWM制御

このICは出力電圧を制御することができ、Vref端子で電圧を指定します。ただしICで電圧を下げると発熱が増えるため、電流量が大きいときは現実的ではありません。そこでVref端子で、モーター電源電圧をそのままかけるか、0Vにするかという制御を行います。電源電圧をそのままかければ出力電圧は最大になり、損失は小さくなります。0Vにするとモーターは Offになります。そこでモーター電圧を5V、つまりロジック回路と同じにし、この端子にマイコンの出力端子を接続すると、モーター出力のOn/Offが可能です。この端子を使えば、モーターをPWM制御することができます。

電源

内部の制御用電源Vccとモーター電源Vsは別れており、Vccはマイコンのロジック回路と同じ5Vを供給します。モーター電源は前に説明したように最大20Vです。グラウンドは共通です。このICを使う際は、VccとVsに適当なサイズのバイパスコンデンサを接続します(図A1-07)。これはノイズや動作時の電圧変動の吸収、モーターによる逆起電力の吸収などの効果があります。

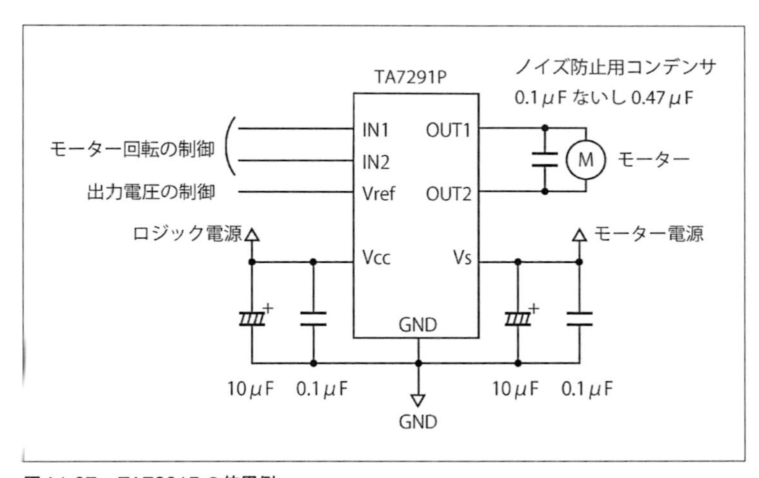

図A1-07　TA7291Pの使用例

付録2　ステッピングモーター

本書のオムニホイールとメカナムホイールを使った車両の製作例では、動力源としてステッピングモーターを使っています。ステッピングモーターを回転させるには、単純な電圧や電流の制御ではなく、複数の巻線（コイル）に順番に電流を流すという操作が必要です。ここではステッピングモーターの動作の原理を解説します。

A2-1　ステッピングモーターの特徴

一般的なモーターは、電源から直流や交流の電流を与えると、連続的に回転します。このときの回転速度は与える電力、負荷の大きさ、交流モーターなら周波数などによって決まります。正確な回転量や回転速度を実現したい場合は、モーターの軸や負荷装置の側に回転量や速度を調べるセンサーを装着し、センサーから得られた情報に基づいてモーターを制御する必要があります。このような制御を行うモーターをサーボモーターといいます。

サーボモーターはセンサーや制御回路など、複雑な構成になりますが、もっと簡単な構成で指定した速度、回転量で運転できるモーターがあります。それがステッピングモーターです（図A2-01）。

図A2-01　ステッピングモーター

ステッピングモーターは、いくつかある巻線に順に電流を流すことで、モーター軸が一定の角度ずつ回転していくというものです。制御は一般的なモーターより複雑になりますが、マイコンなどのデジタル回路での制御が容易で、サーボモーターよりは単純で安価に済むという特徴があります。

A2-2 ステッピングモーターの仕組み

一般的なステッピングモーターは、界磁側の2組の固定巻線により磁力を発生し、回転子に回転する力を作用させます。回転子には電流を流す巻線はなく、鉄やマグネットで構成されています。

ステッピングモーターを単純化した構造を図A2-02に示します。A相巻線とB相巻線に流す電流を規則的に変化させていくことで、マグネットで構成された回転子の角度が変化していきます。

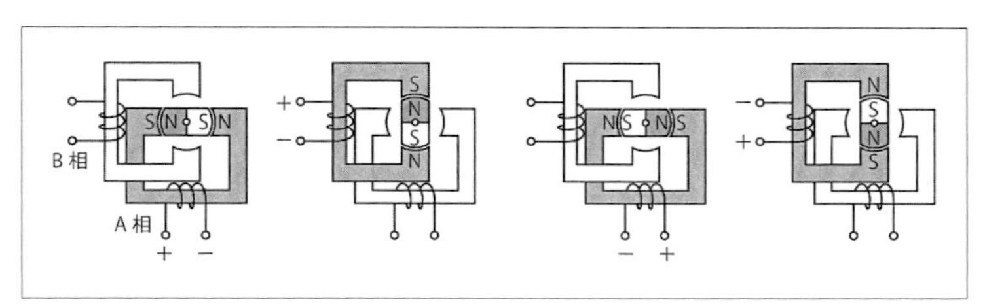

図A2-02　ステッピングモーターの原理：1相励磁方式

実際のステッピングモーターはこんなに単純な構造ではなく、回転子側、固定巻線側の磁極の形状を工夫することで、励磁ごとに進む角度がもっと小さくなります（図A2-03)。200ステップで1回転（ステップあたり1.8度)、400ステップで1回転（0.9度）といったものが一般的です。回転子は磁石を使うもの、使わないものがあります。

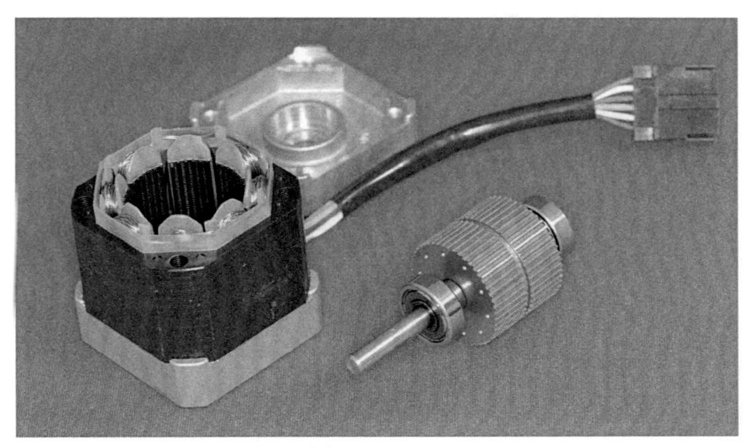

図A2-03　ステッピングモーターの内部

A2-2-1　バイポーラタイプとユニポーラタイプ

ステッピングモーターは各巻線に電流を流して磁界を発生しますが、その構造上、それぞれの巻線の磁界の向きを反転できなければなりません。巻線は電磁石として機能するので、磁界の反転は、巻線に流す電流の向きを逆にします。

ステッピングモーターの巻線の電流の向きの制御には、バイポーラ形とユニポーラ形の2通りがあります（図A2-04）。

バイポーラ形

普通の2端子の巻線です。この2つの端子に接続するプラスとマイナスの極性を切り替えることで、巻線による磁界の向きが逆になります。

ユニポーラ形

巻線の中間から線を引き出し、3端子としたものです。中間の端子をコモンといいます。電源のプラス側をコモンに接続し、両端のうちのどちらかにマイナスを接続すると、コモンとその端子の間に電流が流れ、磁界が発生します。両端のどちらに接続するかに応じて巻線に流れる電流の向きが逆になり、磁界の向きを反転できます。

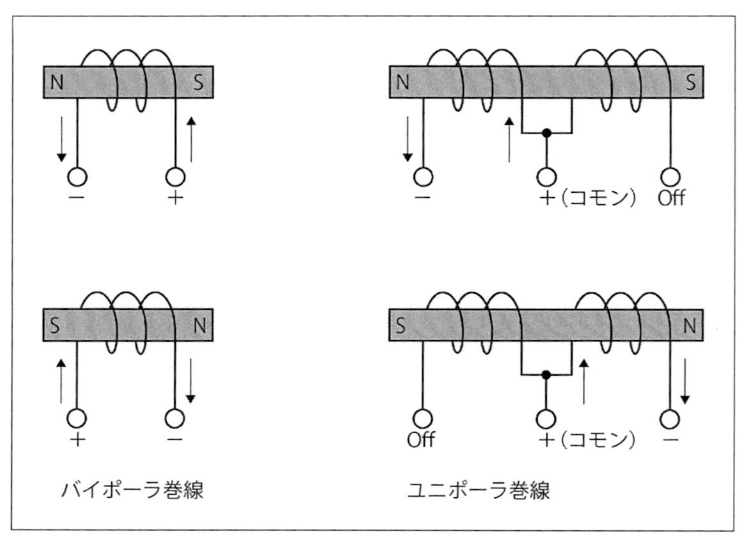

図A2-04　バイポーラ巻線とユニポーラ巻線

原理の面で単純なのはバイポーラ形ですが、トランジスタを使って駆動回路を組み立てる場合、回路が複雑になるという欠点があります。巻線に流す電流を反転させるために、図A2-05のaに示すようにHブリッジ回路構成にしなければならず、パワートランジスタが4個必要になり、また電源のプラス側のトランジスタ（ハイサイド）を制御するための回路が複雑になります。

ユニポーラ形は、常に巻線の半分にしか電流を流さないので効率が悪いという欠点がありますが、駆動回路が単純になるという特長があります。図A2-05のbのように単純なOn/Off回路を2組用意し、中央のコモン端子を電源のプラスに接続し、両端の端子にトランジスタを置いてグラウンドへのスイッチングを行います。この構成はパワートランジスタ2個で済み、ハイサイド側の回路は不要です。

モータードライバを個別のパワートランジスタなどを使って自分で組み立てる場合は、このドライバ構成の差は大きな要素ですが、ドライバICだけでまかなえる小型モーターなら、面倒

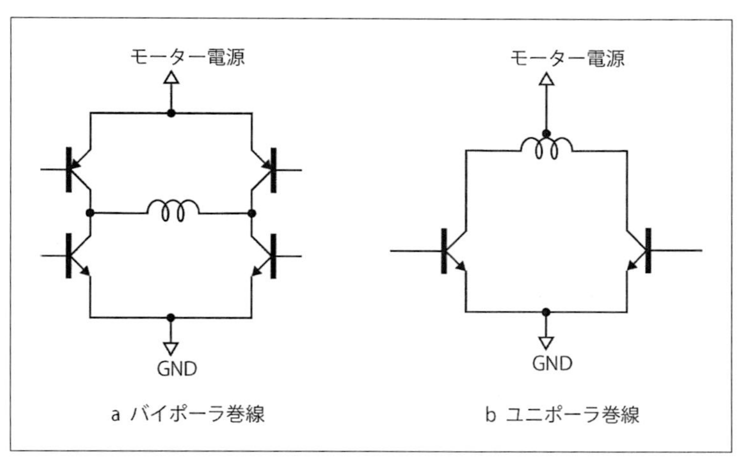

図A2-05　ドライバ回路

な回路の大半がICに組み込まれているので、バイポーラ型の複雑さという点はさほど問題になりません。

A2-2-2　励磁の制御

ステッピングモーターを回転させるには、2組の巻線に流す電流の極性とタイミングを制御します。この制御にはいくつかのやり方があります。

前の説明は、2組の巻線のうちの1組だけを励磁するという操作を規則的に繰り返し、回転子を90度ずつ回転させるというものでした。これを1相励磁といいます。もう少し制御パターンを複雑にすることで、回転トルクを大きくしたり、回転ステップの刻みを細かくしたりすることができます。

2相励磁

常に2組の巻線に電流を流す方法です。回転子の磁極は固定子の磁極の中間に位置するようになります。2組の巻線を同時に使うことで磁力が強くなり、モーターのトルクが大きくなります。1相励磁の場合と角度が45度だけ変化しますが、1ステップで進む角度は90度のままです（図A2-06）。

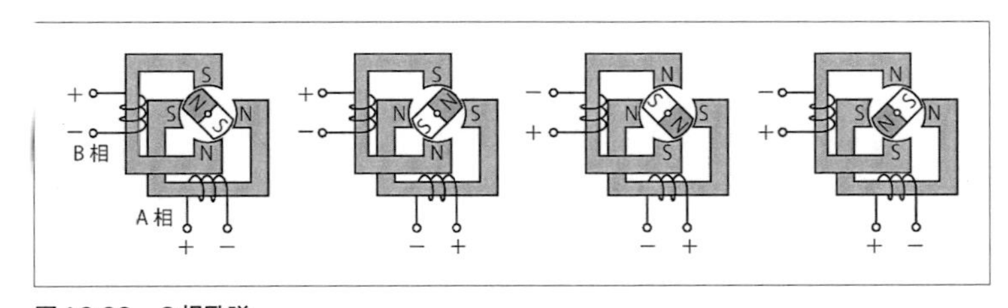

図A2-06　2相励磁

1-2相励磁

1相励磁と2相励磁を組み合わせることで、回転子の止まる位置が45度きざみになります。つまりステップ角度が半分になります。単純にこの制御を行うと、1相だけ励磁するときと2相とも励磁するときとで磁力の大きさが変わり、トルクが変動してしまいます。これを避けるためには、2相とも励磁する際には励磁電流を減らしてバランスを取ります（図A2-07）。

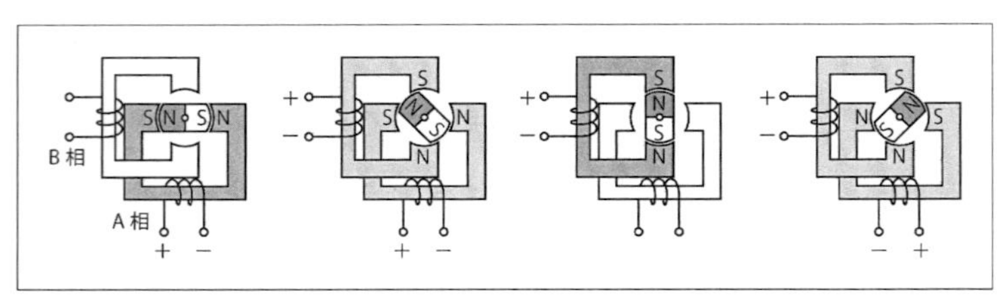

図A2-07　1-2相励磁

マイクロステップ制御

1-2相励磁は、2組のコイルの電流を両方流す、片方だけ流すという切り替えを行うことで、回転子の極を中間に位置させてステップ間隔を半分にしました。1-2相励磁は、両方の巻線に電流を流す際に、電流量を減らすことで、1相励磁のときと同等の磁力としますが、これをさらに細かく制御して、ステップ間隔をより小さくすることができます。

1-2相励磁では最大電流、その1/2、0というように3通りですが、1/4段階ごとにすれば5通りの電流量になります。2組の巻線の電流量のバランスを変えることで、回転子の角度はそれぞれの電流量による磁力の差がバランスする位置になります。

このような励磁方法をマイクロステップ制御といいます（図A2-08）。前述の1-2相励磁は、もっとも単純なマイクロステップ制御ということになります。マイクロステップ制御でステップ角度が小さくなり、モーターをより滑らかに回転させることができます。特に低速回転時に断続的な動きを解消でき、騒音や振動を小さくできます。

図A2-08では単純に電流を1/4、2/4、3/4としていますが、実際にはこのような直線的な割合ではなく、出力変化が正弦波になるように制御します。

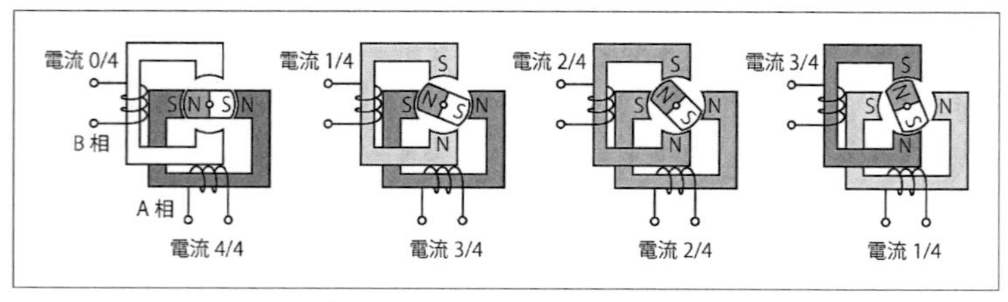

図A2-08　マイクロステップ制御

マイクロステップ制御を行うためには、巻線に流す電流を変化させなければならないため、制御回路が複雑になります。一般に電流制御はPWMで行います。自分でこの回路を作ったりプログラムを書いたりするのは大変ですが、ステッピングモータードライバICにはマイクロステップ制御をサポートした製品も多くあるので簡単に実現できます。製作例で使っているL6470もこの機能をサポートしています。

マイクロステップ制御は低速回転時には有効な機能ですが、高速回転時にはあまり意味がありません。回転子の慣性モーメントの影響や電磁気的な効果により、マイクロステップを使わなくても、断続的な回転ではなく連続回転になるためです。後で紹介するL6470ドライバICは、ある程度以上の速度ではマイクロステップ制御からフルステップ制御に移行するようになっています。

A2-3 ステッピングモーターの特性

ステッピングモーターは正確に回転量を制御できます。そして大電流を流すことで大きな低速トルクを得ることができます。また停止時にも巻線に電流を流しておけば、大きな制動トルク（外力が加わっても動かないという力）も得られます。

しかし苦手なこともあります。その1つが高速回転です。巻線に順に電流を流すという制御を数百回行ってやっと軸が1回転するという構造上、回転を上げるには高速なスイッチング制御が必要です。しかし電磁気的な特性により、ある程度の速度までしか上げられず、普通の直流モーターなどに比べるとかなり低回転です。

また回転速度が高くなると、軸トルクは小さくなります。これはモーター全般に共通する特性なのですが、モーターは回転することで発電機として動作するため、内部の巻線に逆起電力が発生します。この電圧は外部から加えられる電圧とは逆向きなので、実質的に巻線にかかる電圧が下がり、電流が小さくなります。そのため高速回転時には電流が減り、トルクが小さくなってしまうのです。高回転時に大きなトルクを得たい場合は、低速回転時よりも供給電圧を高くし、モーターに流す電流を増やす必要があります。

ステッピングモーターの最大の欠点は脱調です。ステッピングモーターは正確に回転を制御できますが、負荷が大きすぎると、想定通りに回転できない場合があります。これを脱調といいます。脱調は回転のずれになるのですが、回転センサーを持たない場合、制御側ではこれを検出できません（電気的に検出できるドライバもあります）。普通は、想定される負荷に対して十分なトルクを持つモーターを選択し、脱調が発生しないように設計します。しかし用途によっては負荷が過大になることもあるので、脱調が起こる可能性がある用途では、センサーを併用する必要があります。

ステッピングモーターは汎用部品なので、基本的な原理や使い方を理解していれば、必要な製品を自分で探したり、あるいは用途に応じて適当なものと交換したりすることができます。ステッピングモーターの特性を示す代表的な情報として、以下のものがあります。詳細は個々のモーターのデータシートで調べます。

定格電圧

モーターを使用する際の電源電圧です。例えば定格12Vであれば、モーター電源電圧を12Vとします。これより低いと規定のトルクや回転数が得らません。高速回転時のトルク増強のために電圧を上げる場合は、過電流が流れないように制御しなければなりません。

相電流

定格電圧ではなく、各相に流せる最大電流を示している製品も多くあります。この場合、駆動電圧は電流を調べながら調整する必要があります。通常、停止ないし低回転時には電圧を低くし、高回転時には電圧を上げることになります。

軸トルクと回転数

一般に軸トルクは、定格電源に接続した状態、あるいは定格電流を流した状態で規定されます。前に触れたように回転数が上がるほどトルクは低下しますが、この変化の詳細、最高速度などはデータシートにグラフで示されています。

一般に軸トルクが大きいモーターほど大型になり、消費電力も大きくなります。

A2-4　製作例で使用するモーター

本書ではオムニホイール車両にはMERCURY MOTORのSM-42BYG011-25というバイポーラステッピングモーター（秋月電子、http://akizukidenshi.com/catalog/g/gP-05372/）を使っています。定格は、電源電圧12Vで各相の電流は0.33Aとなります。この状態での静止状態でのトルクは0.23 N・mとなります。

メカナムホイール車両ではより強力なMERCURY MOTORのST-42BYH1004-5013（秋月電子、http://akizukidenshi.com/catalog/g/gP-07600/）を使いました。こちらは定格電圧が5V、相電流は各相1Aです。巻線抵抗は約5Ωです。静止トルクは4.4kgf・cm（0.43 N・m）となっています。

付録3　L6470ステッピングモータードライバ

本書の製作例ではステッピングモーターを制御するために、STMicroelectronicsのL6470というドライバICを使っています（https://www.st.com/content/st_com/ja/products/motor-drivers/stepper-motor-drivers/l6470.html）。このICはとても高機能で、小型バイポーラステッピングモーターをうまく制御することができます。もし自分でドライバ用プログラムをゼロから書くと、実用の域に達するにはタイマー割り込みを駆使しながら数百行以上のコードを書かなければなりませんが、このICを使えば、コマンドを送るだけで済んでしまいます。

A3-1　概要

L6470は2相バイポーラステッピングモーター用のドライバICです。モーターの巻線を励磁するためのHブリッジ回路を2組内蔵しており、いくつか外付け部品を用意するだけでドライバモジュールを構成できます。3Aまで駆動できるドライバを内蔵している割には小型で、プリント基板のグランドプレーンで放熱する構造なので、放熱器を取り付ける必要はありません。ただし表面実装タイプのICで、裏側に放熱用のグラウンド面があるので、ユニバーサル基板に手配線という形では使うのはむずかしいでしょう。ICと関連部品が小さな基板にまとめられたモジュール製品なら、アマチュアでも簡単に使用できます。図A3-01は本書の製作例で使用したもので、秋月電子扱いの「L6470使用　ステッピングモータードライブキット」（http://akizukidenshi.com/catalog/g/gK-07024/）です。

図A3-01　L6470モジュール（秋月電子）

内蔵されている制御ロジックは高度なもので、一般的な方向／ステップ信号の入力による動作ではなく、コマンドを与え、チップ内部で管理されている位置情報に基づいて回転量を制御したり、回転速度を指定した運転ができます。また起動、停止時の加減速の制御も自動的に行うので、ステッピングモーターを滑らかに回転させることができます。

このドライバICの特徴を簡単にまとめておきます。

モータードライバ回路

モーター電源電圧は8Vから45V

2相バイポーラ出力

最大3A

過電流／過熱保護

ストール（過負荷による停止）検出

制御用インターフェイス

ロジック電源電圧は3Vから5V（3Vレギュレーター内蔵）

SPI接続

外部ステップ入力信号

外部スイッチ入力

アラーム等の通知信号

オシレータ内蔵／外部クロック

制御内容

マイクロステップ対応（1/4、1/8、1/16、1/32、1/64、1/128）

正転／逆転／停止／出力Off

加減速制御

速度制御

位置制御

外部ステップ信号動作

実効出力電圧制御

各種の出力補償

スイッチを使った位置検出

A3-2　制御部

L6470は制御用のロジック部とドライバ回路から構成されます。制御部はマイコンなどと制御情報をやり取りし、内部でさまざまな処理を行い、ドライバを駆動します。ここでは制御部の要素を簡単に紹介します。

A3-2-1　SPI通信

マイコンとの接続はSPIという通信方式で行います。ほかにもいくつかの信号線を利用することができます。

SPI（Serial Peripheral Interface）は、マスターデバイス（マイコン）と1つ以上のスレーブデバイス（センサーやドライバなどのモジュール）の間で短距離のシリアル通信を行う方式です。一般に、1つの機器内でいくつかのデバイスを制御する用途に使われます。

SPIのシリアル通信は、マスター側が生成するクロックに同期してデータをシリアル伝送します。SPIの特徴はデータ伝送のときにマスター側とスレーブ側が、お互いに同じ量のデータを相手に送ることです。例えばマスター側が1バイトのデータをスレーブ側に送信すると、このクロックに同期して、スレーブ側からも1バイトのデータがマスター側に送られます。

<注意>　負論理の信号名に付した記号について

ロジック信号にはHレベルで有効になるもの（正論理)、Lレベルで有効になるもの（負論理）があります。回路図などでに負論理を、信号名称の上に線を引いたり、配線の接続部に丸を付けたりして表記します。本書では負論理の信号名に~記号を付けて示します。ドキュメントによっては#や/を付けているものもあります。

このときにやり取りされるすべてのデータに意味がある訳ではなく、例えばスレーブ側が送るべきデータがないときは、適当なダミーデータを送信し、マスター側はそれを受信しても何も処理しません。またマスター側がスレーブ側からデータを受信する際は、スレーブ側がデータを送信できるように、同じ量のダミーデータをスレーブ側に送らなければなりません。

SPIはバス接続することで、1つのマスターデバイスが複数のスレーブデバイスを制御できます（図A3-02）。このときマスター側は通信する相手を指定するために、スレーブデバイスの~CS（チップセレクト）信号を使います。各スレーブデバイスに個別に~CS信号を接続し、~CSをLにしたデバイスとのみ通信が行えます。

L6470はスレーブデバイスとして動作します。つまりマスターデバイスであるマイコンがクロックを生成し、コマンドを送信することで動作します。

マイコンとのSPI接続は、以下の4本の信号線を使用します。カッコ内はArduinoでのピン名称です。MOSIはMaster Output Slave Input、MISOはMaster Input Slave Outputという意味です。

SDO（MOSI）

シリアルデータ出力信号です。スレーブ側のSDIに接続します。

SDI（MISO）

シリアルデータ入力信号です。スレーブ側のSDOに接続します。

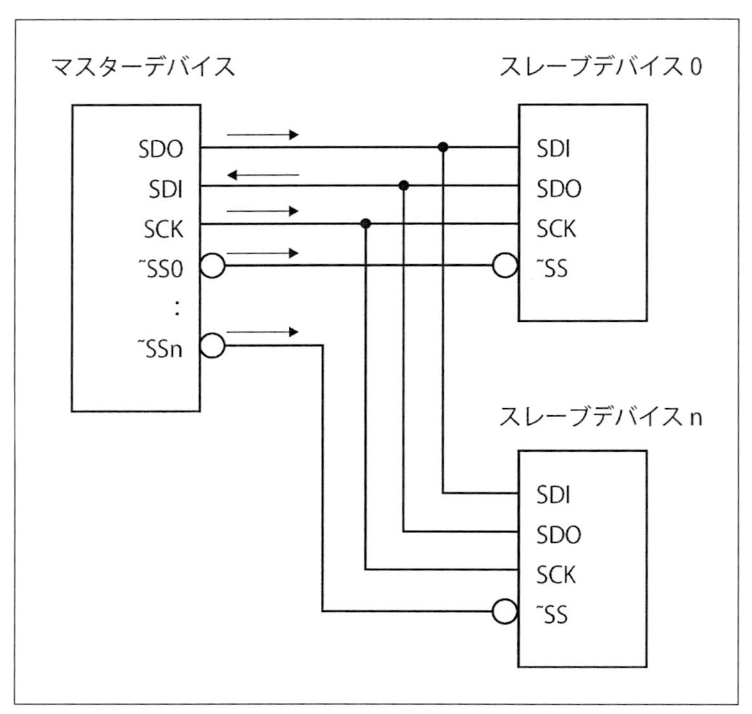

図A3-02　SPI通信

SCK

シリアル通信用クロック信号です。

~SS（L6470の表記は~CS）

チップセレクト信号（負論理）です。スレーブデバイス側の~SSは入力で、この信号線がLレベルのとき、通信が有効になります。マスター側はスレーブデバイスの数だけ、~SS出力信号を用意します。

SPIの通信は基本的なデータ交換の仕組みを規定するだけで、実際の信号の扱いなどの詳細は使用者が決めます。通信に先立って、以下の項目を設定しておく必要があります。

通信速度

シリアル通信はクロック信号に基づいて行われるので、ほかのシリアル通信方式と異なり、事前に双方で通信速度を定める必要はありません。しかし実際にはそれぞれのデバイスが対応できる最高速度があるので、クロック周波数はそれ以下にしなければなりません。クロックはマスター側が送信するので、マイコン側で周波数を設定します。

データの並び

バイトデータをやり取りするときに、最上位ビット（MSB）から送るか、最下位ビット（LSB）

から送るかを指定します。

クロックの極性

マスター側はデータの送受信を行うときにのみ、クロック信号を駆動します。クロック信号について、非送信時（アイドル時）の信号レベルがHかLか、そしてシリアルデータ伝送時に、データの読み込みをクロック信号の立ち上がり（LからH）で行うか、立ち下がり（HからL）で行うかを指定します。

L6470のSPIの仕様は、以下の通りです。

・クロック最大周波数は5MHz
・アイドル時のクロック信号レベルはH
・データの取り込みはクロック信号の立ち上がり（LからHへの変化時）
・ビット送受信の順序はMSBから

A3-2-2　クロック

L6470を動作させるためにはクロック信号が必要です（これはSPIのクロックとは別のものです）。このクロック信号は、内部の制御回路の動作、通信、ドライバのPWMなどに使われます。クロックの供給は、チップの内蔵オシレータを使う方法と外部クロックを使う方法がありますが、ここでは内蔵クロックを使います。内蔵クロックは16MHzです。

ドキュメントの中では、モーターの速度や各種パラメータの設定のための時間単位として、チック（tick）が使われています。これはクロック信号に基づいたもので、1チックは250ナノ秒（4MHz）になります。

A3-2-3　モーター制御

L6470は以下のモーター制御ができます。

速度指定

指定した回転方向と速度で定速回転するモードです。RunコマンドのDIRビットで回転方向を指定し、後続する3バイトの値で速度を指定します。本書の車両の制御はこのモードを使っています。

ステップ数／位置指定

これには複数の指定方法があります。指定した方向に指定したステップ数だけ回転させるというもの、L6470の内部で管理されているステップの絶対位置情報に基づいて、指定したステップ位置まで回転するものがあります。

外部ステップ信号

外部から与えられたステップ信号（ロジック信号）ごとに、モーターを1ステップずつ進めるモードです。回転方向はコマンドで事前に指定しておきます。`StepClock`コマンドを送ることでこのモードになり、回転方向は`StepClock`コマンド中のDIRビットで指定します。

モーターの停止状態にも種類があります。ステッピングモーターは巻線に流す電流を順に制御することで回転しますが、この切り替えを進めず、特定の巻線に電流を流した状態を維持すると、回転は停止します。このとき、内部で磁力が発生しているので、軸は回転していませんが拘束力は発生しています。つまり外力で回そうと思っても、相応の抵抗を持ち、回転しないということです（もちろん、大きな力をかければ回ります）。

これとは別に、モーターに電流を流さないという停止状態もあります。この場合、モーターの軸は軽い力で回転します。

L6470では、前者の電流が流れている状態での停止をStop、後者の電流が流れていない停止をHiZと称しています。HiZは高インピーダンス、つまり電気的に回路が断たれ、Offになっているという意味です。

A3-2-4　外部信号

L6470にはSPI以外にいくつかの信号線があり、必要に応じて使用することができます。

STCK

ステップ動作のための外部ステップ入力信号です。

~BUSY/SYNC

コマンド実行中にLレベルになります。設定により端子の機能を変更することができます。オープンドレイン出力なので、複数のチップの信号をワイヤードOR接続できます。秋月電子のモジュールでは、この端子にLEDが接続されているので、動作中は随時点滅します。

~FLAG

アラーム状態、つまり何らかの動作異常を検出したときにLレベルになります。オープンドレイン出力なので、複数のチップの信号をワイヤードOR接続できます。秋月電子のモジュールでは、この端子にLEDが接続されています。

SW

外部スイッチを接続できるデジタル入力ピン信号です。プルアップされているので、スイッチによってグラウンドに落とします。作動する機器の位置検出に使います。

ADCIN

AD変換入力ポートです。電源電圧補償などに使用します。

~STBY/RST

Lレベルにするとチップが初期状態にリセットされ、スタンバイ状態になります。

A3-3　コマンド

L6470はモーターやチップを制御するコマンドをSPI通信で受信して動作します。SPIで受信するデータつまりマイコン側が送信するデータは、1バイトのコマンドと、コマンドの内容に応じて0バイトから3バイトの引数から構成されます。

A3-3-1　コマンドの送信と応答の受信

前に説明したようにSPI通信では、マスター側が送信したのと同量のデータを、スレーブ側が送り返します。L6470はスレーブデバイスとして動作するので、コマンドは常にマスター側であるマイコンから送られます。L6470はコマンドのバイトに対してダミーデータ0x00を送り返します。コマンドの引数としてマスター側からデータが送られた場合も、それぞれのバイトに対して0x00を返します。

L6470が有意な応答データを返すGetParam、GetStatusコマンドについては、マスター側はコマンドに続けて必要な数だけダミーデータ0x00（NOPコマンド）を送ります。この0x00に対応してL6470が送信するバイトが応答データとなります。図A3-03では引数なしのコマンド、1バイトの引数の送信、2バイトのパラメータの取得を示しています。

マイコン側がデータ受信のために送るダミーバイトは常に0x00でなければなりません。ほかの値を送るとそれがコマンドとして解釈され、現在のやり取りがキャンセルされ、新しいコマンドの実行が始まってしまいます。

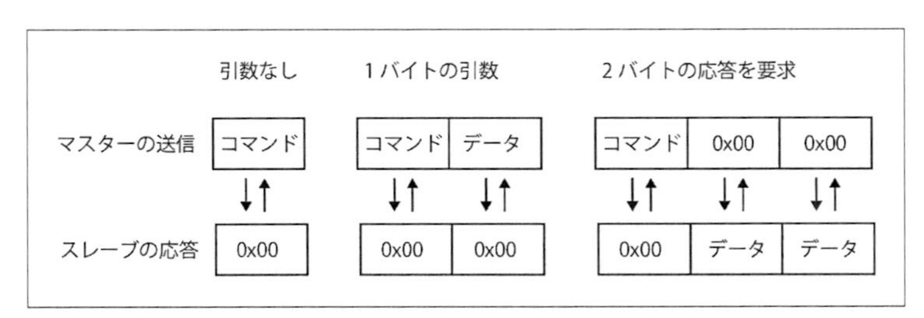

図A3-03　SPIによるデータのやり取り

A3-3-2　コマンドの一覧

L6470の動作は1バイトのコマンドで指定します。コマンドの概要を表A3-01にまとめておきます。レジスタ番号、回転方向指定など、バイト中のビットフィールドでパラメータを指定するコマンドバイトは範囲を持った値になります。

表A3-01　L6470のコマンドの構成

コマンド	値（16進）	引数	機能
NOP	00	0	何もしない（データ受信用のダミーバイト）
SetParam	01-1B	1から3	レジスタに値を設定
GetParam	20-3B	1から3	レジスタの値を取得
Run	50, 51	3	指定した速度で連続回転（加減速を行う）
StepClock	58, 59	0	ステップクロックモードに移行
Move	40, 41	3	指定した方向に指定ステップだけ回転
GoTo	60	3	指定した絶対位置まで回転（方向は自動判定）
GoTo_DIR	68, 69	3	指定した方向で指定した絶対位置まで回転
GoUntil	8X	3	指定した方向、速度で、スイッチがONになるまで回転し、絶対位置の処理を実行
ReleaseSW	9X	0	最低速度で指定した方向にスイッチがOFFになるまで回転し、絶対位置の処理を実行
GoHome	70	0	最短経路でホーム位置（0位置）に移動
GoMark	78	0	最短経路でマーク位置に移動
ResetPos	D8	0	絶対位置を0にリセット
ResetDevice	C0	0	デバイスを初期状態にリセット
SoftStop	B0	0	モーターを減速して停止
HardStop	B8	0	モーターを即座に停止
SoftHiZ	A0	0	モーターを減速してドライバ回路をOff
HardHiZ	A8	0	即座にドライバ回路をOff
GetStatus	D0	2	ステータスレジスタを取得
RESERVED	EB	0	予約
RESERVED	F8	0	予約

主要なコマンドについて簡単に紹介します。すべてのコマンドの詳細についてはL6470のドキュメントを参照してください。

SetParam

コマンドのバイト中の5ビットのパラメータ番号で指定したレジスタに、1バイトから3バイトの後続データを書き込みます。データのバイト数はレジスタにより異なります。複数バイトの場合は、上位バイトから順に送信します。

GetParam

コマンドのバイト中の5ビットで指定したレジスタから、1バイトから3バイトのデータを読み出します。データのバイト数はレジスタにより異なります。

マイコン側は、GetParamコマンドに続けて必要なバイト数分のNOP命令を送信します。このNOPの送信に合わせてスレーブ側から送られてくるデータが、レジスタの読み出しデータです。

ResetDevice

L6470チップを電源投入時の状態にリセットします。

GetStatus

2バイトのステータスレジスタの内容をマスター側に送信します。動作は2バイトデータを読み出すGetParamと同じになります。

Run

モーターを指定速度で回転させます。回転方向はコマンドバイト中のDIRビットで、速度は後続の3バイトデータ（20ビットの符号なし整数、最上位4ビットは無視）で指定します。速度指定の計算については後で説明します。

SoftStop、HardStop、SoftHiZ、HardHiZ

モーターを停止させます。これには、減速処理を行って停止（Soft）、即座に停止（Hard）を選べます。また停止状態として励磁したままの停止、つまり軸が拘束される停止（Stop）と出力をOffにして軸が自由に回転できる停止（HiZ）があります。この組み合わせで、SoftStop、HardStop、SoftHiZ、HardHiZの4種類のコマンドが用意されています。

A3-4　レジスタ

L6470には26個のレジスタがあり、値の設定と読み出しを行うことができます。レジスタへの値の代入はSetParamコマンドで、読み出しはGetParamコマンドで行います。

レジスタに収められるデータのビット数はレジスタごとに異なり、SetParam／GetParamコマンドでやり取りする際には、そのビット数を収められる1バイトから3バイトのデータをやり取りします。

レジスタには読み書きができるものと、読み出し専用のものがあります。書き込みについては、いつでも書き込めるもの、特定の状態のときにのみ書き込めるものがあります。詳細についてはチップのドキュメントを参照してください。

A3-4-1　レジスタの用途

用意されているレジスタの一覧と用途を表A3-02に示します。

レジスタ番号は0ではなく1から始まることに注意してください。レジスタ番号はSetParam／GetParamコマンドの下位5ビットで指定され、またSetParamコマンドは上位3ビットが0であるため、レジスタ番号0を使うとNOPと同じになってしまうからです。

本製作例の中で使用したもの、いくつかの重要なものを簡単に説明します。すべてのレジスタの詳細についてはドキュメントを参照してください。

表A3-02　L6470のレジスタ

番号	名前	ビット数	初期値	読み書き	内容
01	ABS_POS	22	0		絶対位置
02	EL_POS	9	0		電気的なステップ位置
03	MARK	22	0		マーク位置
04	SPEED	20	---	R	現在の速度
05	ACC	12	8A		加速度
06	DEC	12	8A		減速度
07	MAX_SPEED	10	41		最大速度
08	MIN_SPEED	13	0		最小速度
09	KVAL_HOLD	8	29		停止時のKval
0A	KVAL_RUN	8	29		定常回転時のKval
0B	KVAL_ACC	8	29		加速時のKval
0C	KVAL_DEC	8	29		減速時のKval
0D	INT_SPEED	14	408		BEMF補償曲線の勾配が変化する速度
0E	ST_SLP	8	19		交差速度以下でのBEMF補償曲線の勾配
0F	FN_SLP_ACC	8	29		交差速度以上の加速時のBEMF補償曲線の勾配
10	FN_SLP_DEC	8	29		交差速度以上の減速時のBEMF補償曲線の勾配
11	K_THERM	4	0		巻線抵抗の温度ドリフト補正に使われる値
12	ADC_OUT	5	---	R	AD変換入力の読み込み値
13	OCD_TH	4	8		過電流判定の閾値
14	STALL_TH	7	40		ストール判定の閾値
15	FS_SPD	10	27		マイクロステップ制御からフルステップ制御に切り替わる速度
16	STEP_MODE	8	7		マイクロステップなどの設定
17	ALARM_EN	8	FF		FLAG端子に出力するアラーム通知要因の設定
18	CONFIG	16	2E88		各種設定
19	STATUS	16	---	R	現在の状態
1A	RESERVED				予約
1B	RESERVED				予約

注）Rは読み出し専用

ABS_POS、EL_POS

EL_POSはフルステップの間の現在のマイクロステップ位置を、1/128ステップ単位で示します。ABS_POSはモーター軸の絶対位置を示す値で、2の補数形式の符号付き整数です。これはマイクロステップモードで設定されたステップを単位とする数値となります。

これらのレジスタは、位置やステップ数による回転制御で使用されますが、本書の製作例は速度制御で使っているので、これらは使用しません。

SPEED

現在の回転速度を示します。値については後述するモーター制御のところで説明します。

MAX_SPEED

最大回転速度を指定します。絶対位置指定などで使用されます。

ACC、DEC

加減速時の加速度と減速度を指定します。

KVAL_HOLD、KVAL_RUN、KVAL_ACC、KVAL_DEC

電源電圧より低い実効電圧で出力するための係数です。後で説明します。

INT_SPEED、ST_SLP、FN_SLP_ACC、FN_SLP_DEC

回転数の上昇に伴う逆起電力（BEMF）の影響を調整するパラメータです。後で説明します。

STEP_MODE

マイクロステップ動作を指定します。8ビットのうちの上位ビット4ビットは~Busy/Sync端子の機能です。ビット3は未使用で0、ビット0から2の3ビットで以下の励磁モードを指定します。

000　フルステップ（2相励磁）
001　ハーフステップ（1-2相励磁）
010　1/4マイクロステップ
011　1/8マイクロステップ
100　1/16マイクロステップ
101　1/32マイクロステップ
110　1/64マイクロステップ
111　1/128マイクロステップ

ALARM_EN

検出された各種の異常状態について、FLAG端子で通知するかどうかを指定します。

STATUS

モーター制御の状態や異常、ドライバ回路の発熱、コマンドの通信の失敗などの状態情報を収めています。

A3-5　モーター制御

実際にL6470を使ってステッピングモーターを制御するために必要な設定などを簡単にまとめておきます。

A3-5-1　ドライバ回路

L6470は2相バイポーラステッピングモーターを制御するために、2セットのHブリッジドライバ回路を内蔵しています。モーター電源はロジック電源とは別にVs端子に8Vから45Vを与えます。ドライバ回路はPWMでデューティ比を制御することで、低速回転時には実質的な正弦波出力を実現しています。このPWMによりモーターに加わる実効電圧も制御しています。例えば24V電源を接続し、デューティを50％にすることで実効出力電圧は12Vになります。

少し後で説明しますが、モーターには逆起電力という効果があるため、高速回転時に大きなトルクを発生させるためには、停止時や低速時より高い電圧を与える必要があります。そのため、モーター電源電圧Vsを高めにしておくと、制御の自由度を高くできます。

A3-5-2　出力モードの切り替え

ステッピングモーターは個々の巻線を順次励磁するので、特に低速回転時には回転振動とそれによる騒音が発生します。出力波形を正弦波にすることでこの振動と騒音を低減することができます。一方、高速回転時には慣性モーメントや電磁気的な特性によりこの影響はほとんどなく、また高速なスイッチング処理が求められるため、正弦波出力から単純なOn/Off制御に切り替わります。

この切り替え速度は、FS_SPDレジスタで指定します。

A3-5-3　回転速度の指定

L6470は前に触れたように、速度指定、位置指定、外部ステップ信号によってモーターを回転させることができます。

これらはコマンドで指定し、例えばRunコマンドは、速度パラメータを指定してモーターを一定速度で連続回転させます。位置指定は現在の位置からの相対的な回転、あるいは内部で管理されている絶対位置に基づいた回転を指示するコマンド群が用意されています。外部ステップ信号で回転させる場合は、回転方向のみコマンドで指定します。そのため汎用ドライバICのような使い方（方向信号とステップ信号を使う）はできません。本書の製作例はホイールを回転させて走行するものなので、速度指定モードで使います。

Runコマンドの速度指定は20ビットの符号なし整数で示します。この値に2^{-28}を掛けた値がチック（内部の基準クロック時間、250ナノ秒）あたりのステップ数となります。この表現はわかりにくいので、一般的な秒あたりのステップ数の式を以下に示します。

［ステップ／秒］　＝［速度指定値］$\times 2^{-28}$/［チック］
　　　　　　　　≒［速度指定値］$\times 0.015$

モーター回転数は、秒あたりのステップ数を1回転のステップ数で割れば求められます。

［回転／秒］＝［ステップ／秒］／［ステップ／回転］

コマンドに与える速度パラメータは、マイクロステップの設定に関わらず、フルステップ換算で処理されます。例えば1回転200ステップのモーターを速度30000で回転させた場合、30000×0.015＝450となり、毎秒2.25回転します。もし1/8マイクロステップに設定していれば、秒あたりこの8倍の3600回のステップ動作が行われることになります。

L6470の特徴は、回転の制御に際して、加減速の制御を自動的に行うことです。大負荷がかかっている場合、重いものを動かす場合などは、ステッピングモーターをいきなり高速回転させてもうまく起動できず、脱調してしまいます。しかし回転速度を徐々に加速すれば動かすことができます。制御側から見ると、ステップの間隔を最初は長く、その後だんだんと短くしていくという処理になります。これをマイコン側プログラムで実装するのはけっこう面倒なので、ドライバ側でやってくれるというのはとてもありがたいことです。

加減速の処理は、起動時、停止時だけでなく、速度が変化するときにも行われます。加速度と減速度はそれぞれACC、DECレジスタに書き込んだ値で指定できるので、用途に応じて調整することができます。これらのレジスタに設定された値に応じて、加速度、減速度は以下のように計算されます。

［ステップ／秒^2］＝［加減速値］×14.55

停止状態については、前に触れたように励磁（Stop）、非励磁（HiZ）があります。さらに停止させるときに減速を行うか、減速せずに即座に停止させるかを選ぶことができます。

A3-5-4　出力の調整

L6470は単純にモーター電源をモーターに加えるのではなく、各種の補償（補正）を行って出力を調整します。補償は逆起電力（BEMF）、温度上昇による巻線抵抗の変化、電源電圧変動に対して行うことができ、さらに出力全体に適用される係数（Kval）があります。

まずKvalについて簡単に説明します。これはドライバICに加えられているモーター電源の電圧に対し、出力の実効電圧の割合を決めるパラメータです（内部ではPWMで制御しています）。

ステッピングモーターに加える電圧や電流を増やすと、モーター出力が大きくなります。しかしステッピングモーターの各相の巻線には最大電流や定格電圧が規定されており、これを大きく超えると過熱、破損の可能性があります。単純な電源のOn/Off制御だと電源電圧がそのままモーターに加わり、場合によっては過電圧、過電流になってしまいます。Kvalパラメータは0から255の値を指定し、電源電圧のKval/256の値がモーターに加えられます。例えば電源電圧が24Vでモーターに12Vを加えたいのであれば、Kval値に128を指定します。

定格が電圧ではなく相電流で規定されているモーターもあります。この場合は巻線の直流抵抗を調べ、電圧をかけたときに流れる電流値を算出し、その値が定格電流以下になるようにKval

値を求めます。あるいは実際に電源の電流を測定して実験的にKvalを決めるという方法もあります。実際には回転中の電流も調べなければならないので、実験を行うことになるでしょう。

直流抵抗からKval係数を決めた場合、回転中は逆起電力の影響を受けるため電流値が小さくなり、十分なトルクが得られない可能性があります。そのため停止時と定常回転時、そしてより大きなトルクが必要な加減速の各状態ごとに、別々に係数を決めることができます。Kval値はHOLD（停止）、ACC（加速中）、DEC（減速中）、RUN（定常回転中）の4種類があります。

電源投入時に設定される初期値はかなり小さめなので、モーター電圧と電源電圧に応じてこれらのパラメータを適切に設定しないと、電圧不足でモーターがまともに回りません。

A3-5-5　逆起電力補償

モーターは回転している間、発電機としても働き、流れている電流と逆向きの電圧が発生します。回転数が高いほどこの逆起電力（BEMF、Back ElectroMotive Force）は高くなり、結果としてモーターに流れる電流が少なくなります。止まっているときや低速時のモーターの電流が大きいのは、逆起電力が小さいためです。

低負荷であればこの特性は、高速回転時に電力消費が小さくなるため好ましいのですが、大きな負荷を駆動したい場合は不利に働きます。一般にモーターは電流値が大きいほど大きなトルクを発生します。高回転で電流が小さいということはトルクが小さいということで、車両であれば速度は高いものの、駆動力が低下してしまいます。トルクを得るために十分な電流を流すには、回転上昇に伴い、モーターに加える電圧を増やす必要があります。

L6470にはモーター回転速度に応じてこの補償を行う機能があります。この補償量を大きくすることで、高速回転時のトルク低下を少なくすることができます。これをBEMF補償といいます。

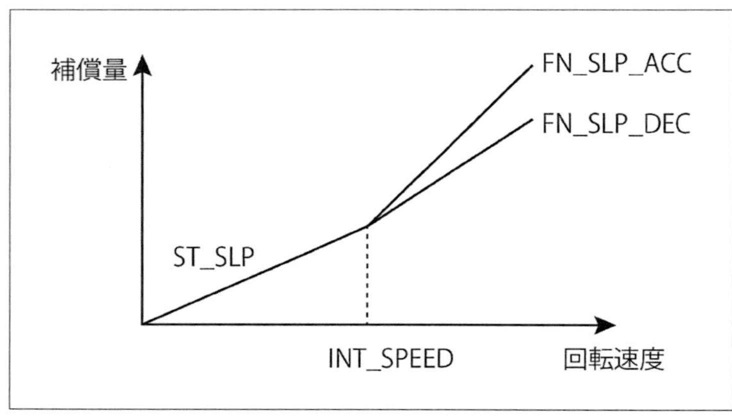

図A3-04　BEMF補償

L6470は速度0から始まり、回転速度に比例する補償係数（ST_SLP）と、ある回転数以上で補償係数を変えるFN_SLP_ACCとFN_SLP_DECがあります。高速時の係数は加速時と減速時で異なる値とすることができます。またこの切り替え回転速度はINT_SPEEDで指定します。補償値が大きくなるほど、モーターに流れる電流が大きくなります（図A3-04）。

この補償が小さいとトルクが不足しますが、大きすぎると過大電流が流れる可能性があります。これらのBEMFの係数とKval値は、実際の使用環境で実験して決めることになるでしょう。モーター電源側に電流計を入れ、過大電流にならず、いろいろな速度で適度なトルクが得られるように調整します。

A3-5-6　ステータスの確認

L6470はモーター駆動の状態、異常、各種エラーの情報を保持しています。この内容は16ビットのSTATUSレジスタに収められているので（表A3-03）、STATUSレジスタの読み出しやGetStatusコマンドで取得できます。

表A3-03　STATUSレジスタの内容

ビット	名称	内容	ALARM_ENのビット
15	SCK_MOD	ステップクロックモード	
14	STEP_LOSS_B	B系統のストール	5
13	STEP_LOSS_A	A系統のストール	4
12	OCD	過電流	0
11	TH_SD	過熱シャットダウン	1
10	TH_WRN	過熱警告	2
9	UVLO	モーター電源低電圧	3
8	WRONG_CMD	不正なコマンド	7
7	NOTPREF_CMD	実行不可能なコマンド	7
6	MOT_STATUS	モーターの状態	
5		00：停止　01：加速中　10：減速中　11：定常回転	
4	DIR	回転方向	
3	SW_EVN	スイッチOnイベント	6
2	SW_F	スイッチ入力の状態	
1	BUSY	コマンド実行中	
0	HiZ	出力Off	

これらの問題の発生や状態は、STATUSレジスタを調べることでマイコン側で認識することができます。またモーター駆動や通信の異常状態は、ALARM_ENレジスタで指定することで、~FLAG端子で外部に通知できます。この信号をマイコンのポートに接続すれば、いちいちレジスタを読み出さなくても問題発生を知ることができ、問題があったときはSTATUSレジスタを読み出してその原因を判定できます。

~FLAG端子はオープンドレイン回路なのでワイヤードOR接続ができます。これは複数のICのこの端子を1本の配線でまとめて接続できるということです。普通の出力ピンはこのような接続をすると電流がショートしてしまうのですが、オープンドレイン回路ではショートしません。

製作例で使った秋月電子のL6470モジュールは、~Flag端子にLEDが接続されており、アラーム状態の際に点灯します。電源投入直後はアラーム状態となるので、設定を変更しない限り、

LEDはずっと点灯状態になります。

付録4　ArduinoとL6470モジュール

本書では制御用マイコンとしてArduino UNO（図A4-01）を、L6470（図A4-02）は秋月電子の「L6470使用　ステッピングモータードライブキット」（http://akizukidenshi.com/catalog/g/gK-07024/）を使っています。ドライバモジュールは小さな基板にL6470と必要な周辺部品が配置されており、制御用信号と電源、モーター配線を接続するだけで使うことができます。

図A4-01　Arduino UNO

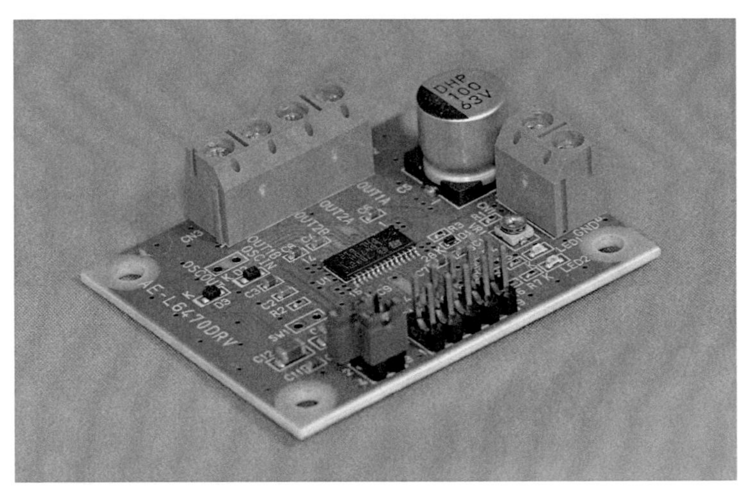

図A4-02　L6470モジュール

A4-1　配線

秋月電子のL6470モジュールは、10ピンの制御信号端子、2ピンネジ留めモーター電源端子、4ピンネジ留めモーター端子を備えています。それとは別に、ロジック電源の構成を決める2組のジャンパーがあります。これらの端子と配線について説明します。

A4-1-1　電源

L6470は8Vから45Vのモーター電源VSと、制御系のための3Vから5Vのロジック電源VDDが必要です。

チップには3Vレギュレーターが内蔵されているので、モーター電源から3VのVDDを生成すること、制御用のコネクタを介して外部から電源供給することができます。電源ジャンパー設定により、以下の構成が可能です。

・外部からVDDを供給（電源電圧は外部回路と同じ）
・モーター電源からVDDを得て、外部にも供給（電源電圧は3V）
・モーター電源からVDDを得るが、外部には供給しない（電源電圧は3V）

グランドはモーター系も制御系も共通です。

5V系ロジック回路と接続する場合は、VDD電源を5Vにしなければなりません。本書の製作例は5V動作のArduino UNOを使っているので、VDDは外部供給に設定し、Arduinoの＋5V端子から供給します。

モーター電源VSは大電流を供給しなければならないので、基板上のネジ留め端子で接続します。外部からのVDD供給あるいは外部へのVDD供給は、10ピンの制御用端子に含まれています。

A4-1-2　モーター

バイポーラステッピングモーターは2組の巻線にそれぞれ2本の配線があるので、4本の配線をモーター端子に接続します。これも大電流を流せるネジ留め端子になっています。モーターの2系統の巻線は、A系統の出力とB系統の出力に接続します。AとBへの接続さえ正しければ、巻線の極性に関わらずモーターは回転します。モーター回転が意図した方向でない場合は、第4章で説明したように、どちらか1系統の配線を入れ替えれば反転します。

<コラム>　ユニポーラステッピングモーターの使用

バイポーラ用ドライバにユニポーラタイプのモーターを接続することもできます。この場合はモーター巻線のコモン端子を接続せず、巻線の両端にドライバ出力を接続するか、あるいはコモンとどちらか一方の端子に接続します。このような使い方をする場合は、モーターのもともとの定格電圧や定格電流はあまり参考になりません。実際に動かしながら、発熱やトルクを見ながらパラメータを調整することになります。能力いっぱいで使うのは避けたほうがいいでしょう。

A4-1-3　制御系

制御信号端子は10ピン（5ピン2列）のピンヘッダとなっているので、フラットケーブルコネクタで接続できます。電源以外は、L6470の端子が直接接続されています。各ピンの意味を以下に示します。#は負論理を意味します（秋月電子のドキュメントの表記)。

#BUSY/#SYNC

#BUSYは処理中であることを示す出力端子です。オープンドレイン出力なので、複数のモジュールの端子をまとめてワイヤードOR接続できます。

#FLAG

アラーム状態を通知する出力端子です。オープンドレイン出力です。

GND

制御系のグラウンドです。

EXT-VDD

外部への3V供給、あるいは外部からのVDD供給端子です。

SDO

SPIの（モジュールから見て）データ出力端子です。

CK

SPIのクロック入力端子です。

SDI

SPIの（モジュールから見て）データ入力端子です。

#CS

デバイスを選択するための入力信号です。Lレベルで選択されます。

STCK

外部ステップ信号の入力端子です。

#STBY/#RST

リセット入力端子です。Lレベルにするとチップが初期化され、スタンバイモード（モーターOff）になります。

製作例では、電源、SPIの接続以外に、#RSTをArduinoのリセット信号につないでいます。これによりArduinoをリセットしたときにL6470もリセットされ、モーターが停止します。

秋月電子のL6470モジュールは、#BUSYと#FLAGにLEDが接続されており、状態を目で見ることができます。なお#FLAGは初期化時にLになり、何も設定しないとその状態が維持されます。本書の製作例ではアラーム設定を行っていないので、#FLAGのLEDは電源が供給されている間、常時点灯しています。

実際の配線については、製作例の回路図を参照してください。

A4-2　SPI通信

Arduino IDEにはSPI用のライブラリが標準で含まれており、通信のモード設定とバイト単位でのデータ送受信を行うことができます。

この原稿を執筆している時点（2019年2月）で、Arduino公式サイトのSPIのドキュメントの日本語版の内容はちょっと古いものです。ここでは通信モードの設定を個別の関数（`SPI.begin()`、`SPI.setDataMode()`など）で行い、データ伝送は1バイト単位で行うと記載されています。しかし現在のSPIのライブラリは（古いやり方もサポートしていますが）新しい別の手順を推奨しています。使用する関数が減った点以外に、割り込みのコンフリクトへの対処などが含まれているので、特に理由がない限り、次に説明する新しい手順を使うほうがよいでしょう。製作例ではこちらを使っています。

実際のプログラムは、2種類の車両の製作例のプログラムに含まれています。それぞれのプログラムは、車両固有のコード部分とL6470関連のコード部分に分かれています。L6470のコードはどちらも同じものなので、実際のコードの内容についてはこれらのソースを参照してください。

L6470用のモジュールでは、ArduinoのSPIの初期化、L6470の初期化、コマンドの送信とデータの受信を行う関数を用意しています。

A4-2-1　SPIの初期化

まずArduino側のSPIを使用できるように初期化を行います。これは通信速度、クロックの極性、バイト並びの指定を行います。また以下のリストには含まれていませんが、各モジュールの~CS用ポートを出力に設定し、Hレベルにする処理も必要です（ライブラリが標準で使用するSSピンについては、SPIの初期化コード内で同じ処理が行われます）。

ArduinoのSPIライブラリは以下のコードで初期化できます。

```
#include <SPI.h>
SPISettings SPIset;  // SPI管理用のグローバルオブジェクト

void initSPI() {
  SPI.begin();  // ポートの初期化
  SPIset = SPISettings(4000000, MSBFIRST, SPI_MODE3); // 通信モード
}
```

A4-2-2 データの送受信

SPIを初期化したら、バイト単位の送受信関数を使ってデータの送信と応答の受信を行うことができます。1バイトの送受信は以下のコードで行えます。

```
SPI.beginTransaction(SPIset); // SPI通信を開始
digitalWrite(cs, LOW);        // 通信相手のスレーブを選択
ret = SPI.transfer(val);      // 1バイトのデータvalを送り、応答retを受信
digitalWrite(cs, HIGH);       // スレーブの選択を解除
SPI.endTransaction();         // SPI通信を終了
```

バイト送信の前にcsでピン番号を指定して~CSをLに、送信後にHにしていますが、この処理はバイト単位で行う必要があります。複数バイトを送信する場合は、各バイトごとに~CSを操作しなければなりません。beginTransactionとendTransactionは一連のバイト送受信の最初と最後に呼び出します。ただし割り込み処理の抑制などがあるので、トランザクションの時間が長くなりすぎると問題が起こる可能性があります。そのためトランザクションは、1つのコマンドの送受信（1バイトから4バイト）単位とします。

L6470を使用する際には、1バイトのコマンドに続けて0バイトないし3バイトのパラメータを渡す送信、そして1バイトのコマンド送信に続けて1バイトないし3バイトの応答を受信する送受信処理があります。プログラムではこれらの関数を個別に用意しました（同じ関数名を使い、引数の型によって区別するという方法もあります）。どの関数もSPIライブラリを使ってバイト送信を行い、必要に応じて同時に返されるデータを呼び出し側に返します。関数では1バイトデータを符号なしのchar、2バイトデータを符号なしのshort、3バイトデータを符号なしのlongとして扱っています。値を受け取る関数については、受け取った値を関数の返り値としています。

```
// パラメータなし
void sendCmd(int cs, unsigned char cmd);

// 1から3バイトのパラメータを送信（受信なし）
```

```
void sendCmd1(int cs, unsigned char cmd, unsigned char val);
void sendCmd2(int cs, unsigned char cmd, unsigned short val);
void sendCmd3(int cs, unsigned char cmd, unsigned long val);

// 1から3バイトのパラメータを受信（送信パラメータは常に0）
unsigned char sendCmdR1(int cs, unsigned char cmd);
unsigned short sendCmdR2(int cs, unsigned char cmd);
unsigned long sendCmdR3(int cs, unsigned char cmd);
```

これらの関数は、どのデバイスと通信するかを指定しなければならないので、引数として~CSを接続しているポート番号も渡します。L6470の応答データを受け取るコマンドでは、送信パラメータは0x00のダミーデータでなければならないので、関数の引数にパラメータは不要です。

L6470のコマンドとレジスタの名前は、ヘッダーファイル`L6470.h`中で定義しています。L6470の制御はコマンドバイトと必要に応じてパラメータを送信すればよいので、基本的には上記の関数だけですべての制御が可能です。

レジスタの書き込みと読み出しについては、ソースの可読性を高めるため、上記の関数を直接記述する代わりに、`writeReg1()`、`readReg2()`といった表記を使えます。これは関数として用意したものではなく、マクロで定義しています（以下のリストは行長の関係で折り返していますが、実際のソース中では、`#define`行は1行にまとめてあります）。

```
#define writeReg1(cs, reg, val)
  (sendCmd1((cs), L6470COM_SET_PARAM | (reg), (val)))
#define writeReg2(cs, reg, val)
  (sendCmd2((cs), L6470COM_SET_PARAM | (reg), (val)))
#define writeReg3(cs, reg, val)
  (sendCmd3((cs), L6470COM_SET_PARAM | (reg), (val)))
#define readReg1(cs, reg)
  (sendCmdR1((cs), L6470COM_GET_PARAM | (reg)))
#define readReg2(cs, reg)
  (sendCmdR2((cs), L6470COM_GET_PARAM | (reg)))
#define readReg3(cs, reg)
  (sendCmdR3((cs), L6470COM_GET_PARAM | (reg)))
```

A4-3　L6470の初期化とモーターの設定

SPIを初期化し、通信ができるようになったら、L6470を初期化します。これは`initL6470`関数で行っています。初期化といっても本書の製作例では、モーターを駆動するためのパラメータ設定を制御プログラム側で行っているので、処理は最低限のものです。

Arduinoのリセットで L6470もリセットされますが、最初に念のためにNOPから構成される空データを4バイト送ります。もし何らかのコマンドの送信途中であっても、これで確実にコマンドが終了します。その後、初期化コマンドを送ります。

最後にモーター出力Offのために HardHiZ コマンドを送ります。

```
void initL6470(int cs) {  // csでモジュールを選択
  // L6470の初期化  0x00を4回送出して、実行途中のコマンドをフラッシュ
  sendCmd3(cs, L6470COM_NOP, 0);
  // デバイスのリセット
  sendCmd(cs, L6470COM_RESET_DEVICE);
  delay(100);
  // モーター停止（ドライバOff）
  sendCmd(cs, L6470COM_HARD_HI_Z);
}
```

チップの初期化が済んだら、モーターのパラメータを設定します。ここではKvalとBEMF補償値、マイクロステップの設定をレジスタに書き込みます。この内容は用途やモーターの特性によって変わってくるので、L6470の初期化関数ではなく、各自のプログラム中で行います。以下は設定例です。

```
// 出力電流係数
writeReg1(cs, L6470REG_KVAL_HOLD, 128);  // 停止中は50%
writeReg1(cs, L6470REG_KVAL_RUN, 255);   // 定速中は100%
writeReg1(cs, L6470REG_KVAL_ACC, 255);   // 加速中は100%
writeReg1(cs, L6470REG_KVAL_DEC, 255);   // 減速中は100%
// BEMF（逆起電力）補正
// 高速時の補正をデフォルト（41）の倍に
writeReg1(cs, L6470REG_FN_SLP_ACC, 82);
writeReg1(cs, L6470REG_FN_SLP_DEC, 82);
// ステップモード（1/8マイクロステップ）
writeReg1(cs, L6470REG_STEP_MODE, 0x03);
```

A4-4 モーターの制御

本書の製作例では、モーターを速度指定モードで制御しています。これはRunコマンドで指定できます。Runコマンドはコマンドバイト中の方向指定ビットと3バイトの符号なし整数パラメータで速度を指定するので、符号付きlong整数で回転方向と速度を指定できるように、setSpeed関数を用意しました。製作例では駆動ベクトルを計算した後、この関数を呼び出して各ホイールを適切な速度で回転させます。

```
void setSpeed(int cs, long spd) {
  int dir;
  if (spd < 0) {
    dir = L6470COM_REV;
    spd = -spd;
  } else {
    dir = L6470COM_FWD;
  }
  sendCmd3(cs, L6470COM_RUN | dir, spd);
}
```

モーターの回転指定により停止させることもできますが、製作例ではいくつかの状況で停止コマンドを使っています。

初期化完了時

L6470側の初期化の最後で、HardHiZコマンドによりモーターへの通電をOffにします。すべての初期化処理の完了後、走行モードに移行するときにHardStopで通電を開始し、停止状態とします。

コントローラーによる停止

SoftStopコマンドで減速して停止させます。停止後、モーターは通電状態を維持しているので、外力で回転しません。

モードスイッチによる走行／停止

基板上のモードスイッチで走行モードになったときはHardStopで通電を開始し、停止モードになったときはHardHiZで通電をOffにします。

キャリブレーション時

キャリブレーションモードに入ったときに、HardHiZコマンドでモーターへの通電をOffにします。終了時にはそのまま停止モードになり、走行させるにはモードスイッチの操作が必要です。

著者紹介

榊 正憲（さかき まさのり）

電気通信大学卒業。株式会社アスキーにてシステム管理、出版支援ソフトなどを開発する。その後、フリーで各種原稿執筆、プログラム作成など行う。現在、有限会社榊製作所代表取締役。

◎本書スタッフ
アートディレクター/装丁：　岡田 章志＋GY
デジタル編集：　栗原 翔

●お断り
掲載したURLは2019年7月26日現在のものです。サイトの都合で変更されることがあります。また、電子版ではURLにハイパーリンクを設定していますが、端末やビューアー、リンク先のファイルタイプによっては表示されないことがあります。あらかじめご了承ください。

●本書の内容についてのお問い合わせ先
株式会社インプレスR&D　メール窓口
np-info@impress.co.jp
件名に「『本書名』問い合わせ係」と明記してお送りください。
電話やFAX、郵便でのご質問にはお答えできません。返信までには、しばらくお時間をいただく場合があります。
なお、本書の範囲を超えるご質問にはお答えしかねますので、あらかじめご了承ください。
また、本書の内容についてはNextPublishingオフィシャルWebサイトにて情報を公開しております。
https://nextpublishing.jp/

●落丁・乱丁本はお手数ですが、インプレスカスタマーセンターまでお送りください。送料弊社負担に てお取り替えさせていただきます。但し、古書店で購入されたものについてはお取り替えできません。
■読者の窓口
インプレスカスタマーセンター
〒 101-0051
東京都千代田区神田神保町一丁目 105番地
TEL 03-6837-5016／FAX 03-6837-5023
info@impress.co.jp
■書店／販売店のご注文窓口
株式会社インプレス受注センター
TEL 048-449-8040／FAX 048-449-8041

2輪駆動・オムニホイール・メカナムホイールの仕組みと制御

Arduinoを使った特殊車輪走行メカニズム

2019年8月23日　初版発行Ver.1.0（PDF版）

著　者　榊 正憲
編集人　菊地 聡
発行人　井芹 昌信
発　行　株式会社インプレスR&D
〒101-0051
東京都千代田区神田神保町一丁目105番地
https://nextpublishing.jp/
発　売　株式会社インプレス
〒101-0051　東京都千代田区神田神保町一丁目105番地

●本書は著作権法上の保護を受けています。本書の一部あるいは全部について株式会社インプレスR＆Dから文書による許諾を得ずに、いかなる方法においても無断で複写、複製することは禁じられています。

©2019 Masanori Sakaki. All rights reserved.
印刷・製本　京葉流通倉庫株式会社
Printed in Japan

ISBN978-4-8443-7816-7

NextPublishing®
●本書はNextPublishingメソッドによって発行されています。
NextPublishingメソッドは株式会社インプレスR&Dが開発した、電子書籍と印刷書籍を同時発行できるデジタルファースト型の新出版方式です。 https://nextpublishing.jp/